唤醒你的大脑系列

U0148348

MoFa JiYi Fa

魔法记忆法

你也可以成为**记忆王**

许 伟 编著

远方出版社

图书在版编目（CIP）数据

魔法记忆法：你也可以成为记忆王／许伟编著. ——
呼和浩特：远方出版社，2020.11
（唤醒你的大脑系列）
ISBN 978 - 7 - 5555 - 1235 - 6

Ⅰ.①魔… Ⅱ.①许… Ⅲ.①记忆术 Ⅳ.
①B842.3

中国版本图书馆 CIP 数据核字（2020）第 150793 号

魔法记忆法·你也可以成为记忆王

MOFA JIYI FA NI YE KEYI CHENGWEI JIYI WANG

编　著	许　伟
责任编辑	奥丽雅
责任校对	萨日娜
封面设计	小徐书装
版式设计	赵艳霞
出版发行	远方出版社
社　址	呼和浩特市乌兰察布东路 666 号　邮编：010010
电　话	(0471)2236473 总编室　2236460 发行部
经　销	新华书店
印　刷	天津中印联印务有限公司
开　本	145mm×210mm　1/32
字　数	155 千
印　张	7.25
版　次	2020 年 11 月第 1 版
印　次	2020 年 11 月第 1 次印刷
标准书号	ISBN 978 - 7 - 5555 - 1235 - 6
定　价	38.00 元

如发现印装质量问题,请与出版社联系调换。

前　言

　　记忆是一个过程，就是把获得的大量信息进行编码加工，输入并储存在大脑里面，必要时再提取出来加以运用。

　　拥有良好甚至是超强的记忆力，对于我们的学习帮助很大，对于我们一生的立身行事也有着非凡的意义。一个记忆力超强的人，在生活和工作中总是容易树立信心，减少失误，并赢得先机。如果我们对学科知识和外部信息能够记得快、记得准、记得牢，学习过程就会充满愉悦，就会有时时向更高目标冲击的激情，也会时时享受到超越他人、成就自我的快乐。

　　古今中外均不乏记忆力超强之人，他们超强的记忆力令人惊叹，同时也改变了他们的命运，成就了他们的人生。当然，拥有强大的记忆力，并不是少数人的专利。因为我们和那些记忆达人拥有同样的大脑，他们的成功也是我们能够取得成功的最佳证明。所以，千万不要抱怨自己天生记忆力差，并因此失去信心，这是对自己很不负责任的一种表现。

英国诗人西德尼说，记忆是知识的唯一管库人。下面就让我们一起去结识这个管库人，与其终身为伴，一同前进。

每个人的记忆活动都有自身的特点，但这并不意味着规律或方法是可有可无的。凡是能够做到事半功倍的人，他们的记忆活动总是遵循着一定的规律，也特别讲究记忆的方式方法。

一般来说，记忆力可以分为短期、中期和长期记忆力。短期记忆力属于大脑的即时生理生化反应的重复，中期和长期记忆力则属于大脑细胞内发生了结构改变，建立了固定联系。比如，游泳就是长期记忆，即使已经多年不游，仍能入水即游。中期记忆是不甚牢固的细胞结构改变，只要曲不离口、拳不离手，就会变成长期记忆力。因此，记忆力的训练要从短期记忆起步，进而致力于向中期及长期记忆突破。

记忆力好比一座富矿，只要我们潜心采掘、挥镐不止，就会带来丰厚的回报，而且这种回报是取之不尽、用之不竭的。本书前三章通过介绍大脑如何记忆、如何开发大脑潜能、提高记忆力需要的条件等内容，帮助我们了解记忆、认识记忆，树立一定的信心，相信自己也可以成为记忆王。后六章全面、系统地讲述了背诵记忆法、卡片记忆法、形象记忆法、间接记忆法、抽象记忆法等几十种记忆方法，这些方法针对性强、易懂易学，只要我们按照书中的方法勤学勤练，反复练习，一定也能成为一目十行、过目不忘的记忆高手。

目 录 | Contents

第一章　我们的大脑是如何记忆的

1. 记忆的生理本质 / 002

2. 记忆的形成原理 / 008

3. 记忆与遗忘 / 011

4. 记忆的 3 个阶段 / 016

5. 记忆的类型 / 020

第二章　你也可以书写自己的记忆传奇

1. 晒晒古今记忆传奇 / 028

2. 你也拥有一个用来记忆的神奇大脑 / 030

3. 你正处在开发记忆力的黄金期 / 033

4. 记忆有规律可遵循 / 035

1

第三章　提高记忆力的基本条件

1. 兴趣：缺乏兴趣，将使记忆消失 / 040

2. 自信：记忆力强的，都是自信的人 / 043

3. 目标：进步就是将目标不断前移 / 046

4. 计划：预则立，不预则废 / 050

5. 方法：方法乃记忆之母 / 052

6. 检验：可让自己的不足显现出来 / 055

7. 恒心：常思常背想记住的东西 / 057

第四章　不能丢掉的老办法——记忆诀窍之一

1. 背诵记忆法 / 060

2. 理解记忆法 / 066

3. 预习记忆法 / 070

4. 及时复习记忆法 / 075

5. 复述记忆法 / 078

6. 传授记忆法 / 081

7. 冥想记忆法 / 084

8. 重点记忆法 / 087

9. 位置记忆法 / 090

10. 限时记忆法 / 094

第五章　好记性不如烂笔头——记忆诀窍之二

1. 卡片记忆法 / 100

2. 图表、思维导图记忆法 / 103

3. 改错记忆法 / 108

4. 批注记忆法 / 111

5. 抄写记忆法 / 114

6. 三色标记忆法 / 119

第六章　让记忆变成快乐的事——记忆诀窍之三

1. 形象记忆法 / 122

2. 小插曲记忆法 / 126

3. 口诀记忆法 / 128

4. 谐音记忆法 / 131

5. 游戏记忆法 / 134

6. 联想记忆法 / 138

7. 与物相连记忆法 / 143

8. 讨论记忆法 / 145

9. 变换顺序记忆法 / 149

10. 照相记忆法 / 152

第七章　不妨耍些小手段——记忆诀窍之四

1. 间隔记忆法 / 156

2. 特征记忆法 / 159

3. 首尾记忆法 / 163

4. 缩略记忆法 / 165

5. 干扰变刺激记忆法 / 169

6. "回嚼"记忆法 / 174

7. 以少带多记忆法 / 177

8. 转移记忆法 / 179

第八章　遵循思维规律——记忆诀窍之五

1. 抽象记忆法 / 182

2. 归类记忆法 / 185

3. 推理记忆法 / 188

4. 比较记忆法 / 190

5. 规律记忆法 / 194

6. 循序渐进记忆法 / 197

7. 分组记忆法 / 201

第九章　怎样增强记忆力

1. 影响记忆力的生理、心理因素 / 206

2. 改善记忆力的几种简易方法 / 211

3. 改善记忆力的食品 / 215

第一章
我们的大脑是如何记忆的

大脑是物质世界高度发达进化的产物，当生命进化到一定程度，便开始以简单的记忆方式记录刺激与反应的关系并形成经验，这样就产生了意识。同生命起源、遗传规律一样，当生命能够以信息的方式记忆它正在做什么，它就有了自我意识。意识产生的初级阶段，是大脑对模糊信息刺激反应过程的记忆结果，也就是说大脑是记忆的载体。

1. 记忆的生理本质

人的大脑有数亿神经细胞，它们之间通过神经突触相互影响，形成极其复杂的相互联系。脑神经细胞之间的相互呼叫所形成的记忆，有些所维持的时间是短暂的，有些是长久的，还有一些介于两者之间。记忆就是一个把当下的信息长期储存的过程，需要把接收到的新的信息转化为长期记忆。由于记忆活动既受大脑功能机制的影响，又与脑生理机制密切关联，因此，我们在讨论记忆的时候，就不能不谈及大脑的左右脑功能与生理机制。

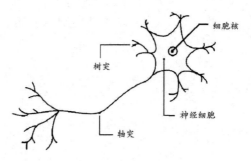

图 1.1　脑神经细胞示意图

　　大脑分为左脑和右脑。右脑支配人的左半身神经与感觉，而左脑支配人的右半身神经与感觉。电视上曾播放过关于左右脑功能机制的现场表演：一位经过专门训练的青年书画家一边用左手作画，一边用右手写书法。因为画图是非线性的直观行为，所以是右脑指挥左手完成；而写书法需要完成记忆的语言和思维，所以由左脑指挥右手完成。这个例子生动地说明了左右脑的分工情况。日本著名右脑专家春山茂雄对这种左右脑的功能机制进行了形象而科学的概括，称左脑为包含逻辑的"自身脑"，而右脑为继承祖先遗传因子的"祖先脑"。"自身脑"存储着人一生中感知及获取的信息，由于自身阅历不同，个体所获取的信息量千差万别。"祖先脑"则包揽着人类生活所需的本能及自律神经系统的功能，相当于储存着漫长历史长河中人类智慧的积淀，包括对宇宙的认知及人类社会的道德伦理观念。

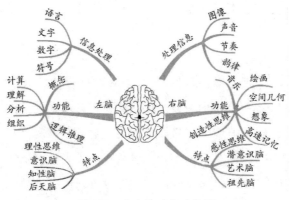

图 1.2　左右脑功能示意图

左右脑虽然拥有各自独立的意识活动，功能不尽相同，但是它们会通过一种合作关系，将形象或抽象的材料形成意识，并存储在大脑中，最终形成记忆。

介绍了左右脑的分工之后，我们再来看一下大脑中有关记忆的生理机制。

(1) 记忆的中心在海马区

海马区像两个大写的"C"，口对口相扣起来，它位于大脑颞叶的内侧，因形似海洋动物海马而得名。科学家发现海马区与学习、记忆有密切关系。

海马区的机能主管人类近期记忆，有人把它比作计算机的内存，将几周或几个月内的记忆暂留，以便快速存取。海马区记忆其实就是神经细胞之间的联结形态。储存或抛掉某些信息并非出自有意识的判断，而是由海马区处理。海马区在记忆的过程中起着转换站的功能。更简单地说，大脑神经突触受到各种感官或知觉信息的刺激后，神经细胞（神经元）相互影响形成记忆，这种记忆传送至海马区暂时储存。假如海马区有所反应，神经元就会开始形成持久的树突网，但如果没有通过这种认可的模式，那么脑部接收到的信息就会自动消失。

人们日常生活中的短期记忆都储存在海马区中，比如对一个陌生人产生的印象，如果在短时间内被重复提及，海马区就会将这个陌生人的信息转存入大脑皮质，成为长期记忆。如果存入海马区的信息在一段时间内没有被再现或再认的话，就会自行"删除"，也就是忘掉了。其实，存入大脑皮质的信息也并不是永久不忘的，如果你长时间不使用该信息的话，大脑皮质也会将其"删除"。这就是说，无论暂存记忆还是长期记忆，都是对经历过的事物的识记、保持、反复再现或再认。

从生理机制上讲，海马区比较发达的人，记忆力相对会强一些。而有些人的海马区受伤后会出现失去部分或全部记忆的状况，这取决于受伤害的程度。

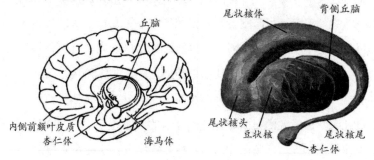

图 1.3　海马区解剖示意图　　图1.4　海马区基底核结构示意图

（2）记忆的存储

前文已提及长期记忆的储存不只是海马区的作用，还需要完整的大脑皮质（可通俗理解为大脑"硬盘"），人们由此把记忆储存分为先天记库和后天记库。先天记库位于古大脑，后天记库主要位于大脑皮层（新大脑）。大脑颞叶属于新大脑皮层，先天记库保留下来的部分会被传送到大脑颞叶的"记忆仓库"。

美国心理学家拉什利通过实验证明，大脑中并不存在特殊的记忆仓库。他在各种动物身上做了很多实验，发现动物的学习能力与大脑特定部位的切除关系不大，而主要与切除面积有关：切除面积越大，对学习能力的影响就越大。拉什利及其支持者提出，神经细胞之间形成复杂的神经网络系统，没有一个神经细胞能脱离细胞群独自储存记忆信息。

1965 年，匈牙利神经化学家安加用大白鼠做实验，将一些大白鼠放进间隔箱中，一半是亮室，一半是暗室。大白鼠基本都会从亮室跑到暗室。但暗室装有电击装置，吃了几次苦头之后，大白鼠便再也不去暗室了。随后，他抽取大白鼠脑内含有核糖核酸和蛋白质的脑脊液，注射到其他未经训练的大白鼠脑内，后者也同受过训练的大白鼠一样"弃暗投明"了。此后，美国得克萨斯州贝勒大学医学院的科学家也进行了大白鼠实验，从 4 000 只经过上述训练的大白鼠脑内分离出一种多肽物质。这种物质是由 14 个氨基酸组成的单链，称为"恐暗素"。把这种恐暗素注射到未经训练的 3 000 只小白鼠的脑内，结果大多数小白鼠同样产生了逃避黑暗的反应。他们用实验结果证明，恐暗素把大白鼠害怕黑暗的信息带给了小白鼠，并认为这是记忆移植。

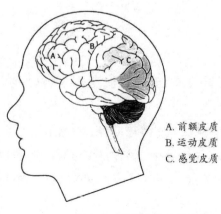

A. 前额皮质
B. 运动皮质
C. 感觉皮质

图 1.5　大脑皮质功能划分

　　由于蛋白质的合成是由细胞内的核糖核酸控制的，因而更多的人把探索的目光投向了核糖核酸。关于核糖核酸的研究，瑞典哥德堡大学的神经学家海登最具影响力，他创造了一种能从脑中分离出单个神经元的技术，可以用来测定单个神经元中核糖核酸的含量。他训练大白鼠学习平衡身体爬越绳索以获取食物，结果发现，学习后的大白鼠脑细胞中核糖核酸的结构（碱基的比例）变化明显，由此推测核糖核酸可能是储存记忆信息的大分子。似乎可以这样认为，神经元中的核糖核酸可以作为记忆移植媒介。但科学家相继发现，大脑边缘系统的许多区域也与记忆有关。应该说，记忆迷宫（仓库）的大门至今仍未打开，现今人们对于记忆生理机制的了解还只是冰山一角。

2. 记忆的形成原理

记忆是什么？记忆是人脑对事物的识记（积累）、保持（储存）、提取（再现），它是进行思维、想象等高级心理活动的基础。识记是记忆过程的开端，是对事物的识别，并形成一定印象的过程。保持是对识记内容的一种强化过程，使之能更好地成为人的经验。提取是对过去经验的再现形式。

研究人员发现，人类记忆除了与前面提到的大脑海马结构、大脑内部的化学成分变化有关外，还与大脑细胞的数量及相互作用有关。

（1）脑神经细胞之间存在 4 种基本的相互作用形式

①单纯激发：一个细胞兴奋，激发相接的另一细胞兴奋。

②单纯抑制：一个细胞兴奋，提高相接的另一细胞的感受阈。

③正反馈：一个细胞兴奋，激发相接的另一细胞兴奋，后者反过来直接或间接地降低前者的兴奋阈，或回输信号给前者的感受突触。

④负反馈：一个细胞兴奋，激发相接的另一细胞兴奋，后者

反过来直接或间接地提高前者的兴奋阈，使前者的兴奋度下降（多由 3 个以上细胞构成负反馈回路）。

由于细胞的交互作用，记忆会受到情绪、奖励、惩罚等因素的影响。

（2）脑细胞的记忆分工

①活泼细胞数量较少，负责短期记忆，决定人的短期反应能力。这种细胞在受到神经信号刺激时，会短暂的出现感应阈下降的现象，但通常不会发生突触增生，而且感应阈下降只能维持数秒至数分钟，之后就会恢复正常水平。

②中性细胞数量居中，负责中期记忆，决定人的学习适应能力。这种细胞在受到适量的神经信号刺激时，就会发生突触增生，但这种突触增生较缓慢，需要多次刺激才能形成显著改变，而且增生状态只能维持数天至数周，较容易发生退化。

③惰性细胞数量较多，负责长期记忆，决定人的知识积累能力。这种细胞在受到大量反复的神经信号刺激时，才会发生突触增生。这种突触增生极为缓慢，需要反复多次刺激才能形成显著改变，但增生状态能维持数月至数年，不易退化。

以上 3 种细胞的区分是相对的，脑细胞的活性分布并没有明确的界线。例如，活泼细胞的活性并非完全相同，有些活泼细胞的突触变化周期只有几秒钟，而有些则达到几分钟。

记忆作为一种基本的心理过程，又与其他心理活动密切联系。记忆联结着人的心理活动，是人们学习、工作和生活的基本机能。因此，把抽象无序转变成形象有序的过程就是记忆的关键。

1904 年，德国生物学家理查德·西蒙提出了一个观点：一段记忆会在大脑中留下生理痕迹；而大脑在受到刺激时，会回放这段记忆，或者整理这些信息，直到留下记忆痕迹。西蒙将这种想象中的生理回路称为"记忆痕迹"。记忆痕迹是由一组不连续的大脑细胞连接之后拼凑起来的。之后到了 2012 年，日本生物学家利根川进利用光遗传学技术，在麻省理工学院的实验室里首次揭示了记忆痕迹真实存在，或者说记忆的大脑物质存在。这为对抗"遗忘"打下了基础。

3. 记忆与遗忘

（1）记忆的本质

简言之，记忆的本质是不同功能的神经元通过轴突（神经元传导神经冲动离开细胞体的细而长的突起）、树突（接受从其他神经元传入的信息的入口）链接。记忆 = 可回忆 = 细胞联系路径的通畅 = （细胞间的联系强度 ≥ 有效阈）= 细胞间的显性联系。

神经细胞并不会对所有接收到的刺激都做出反应，只有

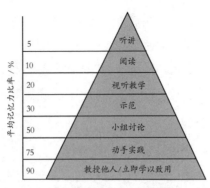

图 1.6　学习·记忆·金字塔

当刺激的强度超过神经细胞的感应阈时才会激发神经细胞做出反应。通常少量的信号刺激，只能使活性细胞的感应阈略微下降，并不能使中性或惰性细胞的突触增生，因而难以长期保持。要形成持久有效的记忆，必须通过反复的学习刺激，直至相应的惰性脑细胞发生充分的突触增生从而形成有效的相互呼叫作用。

下面我们来看几个关于回忆的问题：

①为什么有时能回忆，有时不能？当刺激强度接近神经细胞的感应阈时，有时能够激发神经细胞，有时则不能。这是因为神经细胞的感应阈具有不稳定性，会因受到各种因素影响而忽高忽低。

②为什么有时能回忆起很多年前的细节？大脑内存在以天文数字计的隐性联系，这种联系构成人的潜意识。当神经细胞的敏感性提高（有效作用阈降低）时，隐性联系可以变成显性联系。因此，有时人们能够忽然想起多年前的一些小事的细节。

③为什么情绪不好时记忆力差？记忆形成过程中的奖励能够降低细胞的感应阈，从而提高记忆效率；相反，记忆形成过程中的惩罚或不愉快的感受则会提高细胞的感应阈，从而降低记忆效率，甚至无法形成有效的记忆。因此，愉悦的情绪有利于提高记忆效率，而心神不宁或身体不适则不利于提高记忆效率。

（2）遗忘的本质

遗忘就是在一定条件下，曾经建立的脑细胞之间相互联系的作用减弱至其相互作用强度低于记忆阈值。对于短期记忆而言，就是活性脑细胞的感应阈恢复到较高的水平，变得不再敏感；对于长期记忆而言，则是惰性脑细胞的突触因为长期得不到必要的刺激而退化萎缩。

人们为什么会遗忘呢？这是因为脑细胞总是处于变化之中，当受到反复刺激时会发生突触增生，若长期得不到刺激则会发生突触退化。因此，要不时地对已经建立的联系进行反复刺激，才能保持相互作用强度超过记忆阈值，以保持有效的相互作用联系，否则会退化失效。

德国科学家艾宾浩斯在 1885 年出版了《关于记忆》一书，其中提到了他的一个试验。他尝试背诵 3 个字母一组的无意义音节列表，然后观察自己需要多长时间才能把列表背下来，作为自己学习速度的量度。过一段时间，再检查自己需要通读多少遍才能背诵列表。他通过这项试验发现了一些遗忘规律：遗忘在学习之后立即开始，而且遗忘的进程并不是均匀的。最初遗忘速度很快，以后逐渐缓慢。而已经记住很长时间的东西，则很难被彻底忘记。通过一系列的研究，他最终发明了著名的"艾宾浩斯遗忘曲线"。

那么，人为什么要遗忘呢？尽管人脑的记忆容量极大，但毕竟是有限的，对于人一生中接收到的信息，人脑难以尽数收纳。假如有人过目不忘，那么用不了多久，他的脑子里就会塞满各种杂乱无章的信息，不仅会占用宝贵的大脑记忆容量，还会使"再现"检索变得十分缓慢，因为每次回忆一个有用的信息，都要忆起无穷无尽的细枝末节，让人不胜其烦，甚至无法正常生活。

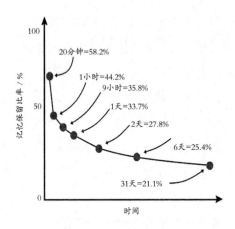

图 1.7　艾宾浩斯遗忘曲线

　　因此，选择性遗忘是人类经过数万年的生存竞争而获得的一种适应环境和自我保护的本领，是大自然赋予人类高效使用大脑资源的宝贵能力，或者说是大脑的自我保护机制。

　　记忆与遗忘是一对孪生兄弟。记忆衰减的过程也近似于数学模型：

　　①主公式：M（%）$= 100 \times (N_1 \times N_2) / (T^{0.5})$

　　②各变量解释：

　　M——记忆信息残留率（%）

　　T——时间（短期记忆的时间单位是"分"，中期记忆的时间单位是"日"，长期记忆的时间单位是"年"）

　　N_1——记忆强度（=参与记忆的脑细胞个数×关联突触个数）

　　N_2——记忆深度（=参与记忆的惰性度总和：短期记忆细胞的惰性度≤1，1＜中性细胞的惰性度≤10，10＜惰性细胞的惰性度≤100）

③公式说明：当 M 大于或等于作用阈时，记忆有效；当 M 小于作用阈时，记忆无效。作用阈会受到情绪、健康、营养等的影响，复习就是当记忆仍未失效时进行路径的开通扩展。

通过上面的公式，我们可以得出结论：当记忆深度低时，记忆的衰减速度快。因此，只有牢固的记忆才能避免遗忘的烦恼。

4. 记忆的 3 个阶段

前面我们讲过，记忆的过程由识记（积累）、保持（储存）、提取（再现）3 个环节构成。我们应该把记忆看成是一个动态过程。这个过程与照相机的摄影过程相似：识记相当于取景、拍摄，保持相当于胶卷密封，提取相当于冲洗成片。如果摄影时取景不佳，胶卷上保留的影像就不完整；曝光不好，胶卷就不能合理感光；胶卷密封不好，就无法冲洗出清晰的照片。只有准确完成这 3 个阶段，才能称为名副其实、完完整整的记忆。下面就记忆的 3 个具体阶段进一步加以说明。

（1）识记阶段

所谓识记，就是通过对事物的基本特点进行划分和认知，并在头脑中留下一定印记的过程。在实际过程中，有些事物通过一次性的学习就能成功，而有一些则需要重复学习才能牢记于心。识记是记忆的首要环节。识记分为无意识识记和有意识识记。其中有意识识记是一个学习过程。学习过程顺利与否取决于意识水平和注意力是否集中。精神疲乏、缺乏兴趣、注意力不集中和意识模糊都会影响识记过程。比如，在我们醒着的时候，信息可以通过眼、耳、鼻、皮肤等感觉器官进入我们的大脑。在这个阶段，若迷迷糊糊或被其他事物分散了注意力，就只能在脑子里留下模糊不清的痕迹。

记忆的功能虽然很强大，但并不需要把一切都记住。这就需要对信息进行分层次归类整理，对必须记住的信息反复加深认识理解，使之转化为长期记忆，而将不需要记住的那些信息及时予以删除。在这一过程中，必须心无旁骛，集中精力，这也是识记的基本前提。

（2）保持阶段

保持即信息储存。它可以分为 3 个小阶段：第一阶段是通过感觉形成记忆痕迹，这种痕迹很不稳定；第二阶段为短期保存；第三阶段为长期保存。这就是说识记内容在记忆的保持中会有质

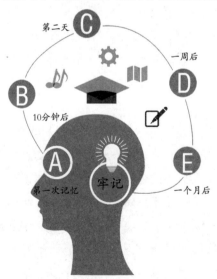

图 1.8　记忆周期示意图

和量的变化，保持阶段的主要记忆活动是将已习得的知识牢固储存，实现由痕迹到短期保存再到长期保存的转化。

要实现这种转化，除了对识记的信息进行筛选、过滤、整理外，还可以用记忆自身去测验回忆不出以及与学习标准中规定的掌握程度有差距的项目，并由此决定如何分配合适的重复学习。

（3）提取阶段

提取即唤起以往经验的过程。如果某一事物在特定的环境下重返意识之中，这便是我们的大脑在已归档的信息里将与特定环境有关的信息提取出来的缘故。1966 年，斯腾伯格采用"探查法"为主要手段对短期记忆条件下信息提取方式进行研究。结果发现，短期记忆信息的提取是一种从头至尾的系列扫描，并体现为以下特征：

首先，个体对需要提取的项目很快做出开始搜寻的决定，而这种快速的判断基于对正需寻求答案的熟悉感，它先于回忆出现，决定了提取过程的快速开始。如果个体对要求回忆的答案一点熟悉感都没有，就会迅速做出不能回忆的决定，那么提取过程将会快速终止。

其次，在搜寻过程中，当个体对所找到的答案信心不足时，可能会继续重复搜寻过程；如果对答案的信心度较高，则输出答案，终止提取过程。不过个体的信心感受也可能产生另外一种错误——替代性错误，用不正确的答案代替了正确答案。

关于如何提取信息，目前有两种看法，一种理论认为，信息的提取是根据其意义、系统等来搜寻记忆痕迹，使痕迹活跃起来，从而回忆起有关内容；另一种理论认为，记忆是一种主动的过程，将一些元素或成分储存起来，提取就是把过去的认知成分汇集成完整的事物。但无论哪种提取法，都会遇到一个难题，就是大脑在追忆的时候往往变化无常。比如，你在街上遇到一个非常熟悉的朋友，却突然叫不出他的名字。这说明，记忆提取的效果一方面依赖于储存，另一方面依赖于线索。倘若储存本身是有组织、有条理的，是有层次结构的，提取时只要激活了层次网络中的某些节点，使与这些节点有关的信息处于启动状态，回忆就很容易进行。

当然，这并不能否认记忆提取（再现）的速度和准确性取决于对事物识记的巩固程度和精确程度这一事实。熟记了的事物一旦出现，我们几乎可以无意识地、自动地、迅速地做出识别。这也是"熟记"的意义。

5. 记忆的类型

人的记忆力差别很大，这种差别通过记忆分类很容易看清楚。例如：盲人的听觉记忆特别好，厨师的味觉记忆特别好，音乐家擅长记忆歌曲，哲学家擅长记忆事物的逻辑。对这些现象的生理观察和实验表明，人的记忆存在不同类型。

根据感知器官的分类，可分为视觉记忆型、听觉记忆型、运动记忆型和混合记忆型等。

(1) 视觉记忆型

只用眼睛看的默记，是大脑对视觉符号的记忆，称为"视觉符号记忆"，是指主要借助于视觉感官获取信息来记忆事物的方式。在同样的视觉中，有的人对形状的印象深，有的人对颜色的印象深。"视觉符号记忆"的遗忘速度较快。

有人做过这样一个实验：在纸上分别画出圆圆的青苹果和金色的三角形，让几个人一起观察，以此了解每个人记忆信息的不同方法。有的人借助颜色来记忆，有的人则通过形状来记忆。这两种方法都属于视觉记忆法。

据科学家统计，人的记忆中有 70%～80% 是通过视觉完成的。

另外，每个人在自己人生的不同成长阶段，视觉记忆的效果也不尽相同；在不同的年龄阶段，记忆的方式也不一样。一个人在 8 岁以前以听觉记忆为主，而从 9 岁开始，视觉记忆就会增强。相对而言，画家、设计师、技术设计人员等，多以视觉记忆为主，因为他们长期与图、表打交道。

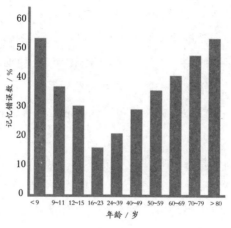

图 1.9 年龄与记忆关系图

（2）听觉记忆型

这种类型的人能很好地记住耳朵所听到的内容。有些人有很强的节奏感和旋律感，很容易记住具有节奏和旋律的内容。

比如，我们常常见到这样的情况：一些年轻人虽然英语不好，可是对英语歌词却记得很好。

盲人是通过声音接收信息的，所以盲人大都拥有极好的听觉记忆。

广播电台主持人能分清很多人的声音；工厂的工人借助锤子敲打机器的声音，就能知道机器有无故障。这说明听觉记忆可以通过训练提高。

(3) 运动记忆型

与前面两种记忆类型区别较大的是，运动记忆是通过动作来记忆的。它是通过专管运动的小脑对肌肉运动的记忆。通过小脑记住的运动动作并不限于躯干、四肢的运动，也包括身体各局部肌肉的细微运动。如钢琴家能不假思索地再现一连串准确、持久、迅速的动作，还有雕刻家娴熟、准确的雕刻动作，这些都与运动记忆有关。通常这类人心灵手巧，做各种动作都能马上记住。例如，艺术及技巧等就是通过所有的运动器官来记忆的。

由于运动记忆是通过整个身体来完成的，因此很难忘掉。例如，游泳、溜冰、骑车等运动，一旦被记住便终生难忘。

运动记忆对于提高学习效率具有十分重要的意义。其中特别表现为口腔肌肉运动与语言之间的联系。小时候背诵古诗词，尽管当时不懂含义，长大后仍能脱口而出，这是小脑对口腔肌肉一连串动作保持牢固记忆的缘故。学外语尤其应该利用运动记忆这个特点。

(4) 混合记忆型

在生活中，大多数人的记忆是视觉型、听觉型和运动型这3种类型的混合型。比如，即使是视觉记忆强的人，也需要用嘴读，用耳听，用手写，以构成立体的记忆。不过在混合记忆中，每种记忆所占的比重并不平衡，大都偏向于其中某种记忆类型。

根据记忆内容的不同，我们可以把记忆分为：形象记忆型、抽象记忆型、情绪记忆型和动作记忆型。

（1）**形象记忆型**

以事物的具体形象为主要对象的记忆类型。

（2）**抽象记忆型**

抽象记忆型也称词语逻辑记忆型。它是以文字、概念、逻辑关系为主要对象的抽象化的记忆类型，如"哲学""市场经济""自由主义"等词语，整篇的理论性文章，一些学科的定义、公式等。

（3）**情绪记忆型**

这是以对情绪事件或情绪体验为主要对象的记忆类型。其中，情绪事件就是那些引起情绪反应的特定事物或事件。

（4）**动作记忆型**

动作记忆是以各种动作、姿势、习惯和技能为主的记忆。动作记忆是培养各种技能的基础。

根据记忆时效性，还可分为瞬间记忆、短期记忆与长期记忆。

瞬间记忆的学名为"工作记忆"，是一种用秒来衡量的短时记忆。工作记忆是为了完成当下的工作临时产生的一些记忆。譬如，你在全神贯注做一件事的时候，会记得这件事的大部分细节，但你一旦完成了，那么为了做这件事而临时产生的记忆，如某个工具被顺手放在哪里之类的记忆就会消失。而长期记忆则几乎会伴随人的一生，如婚礼的情景、亲人的容貌等。

图 1.10　记忆的多阶储存模型

人们都有这样的体验：以前学过的溜冰、跳舞、画画等与动作相联系的内容是最不容易忘记的，诗词、歌曲等吟唱的内容次之，而光用眼睛看过的书籍、画报等内容则最容易忘记。学习英语单词时，光看不读、不写就比较容易忘记，而既看又读、写、用则不容易忘记。其原因在于它们属于不同的记忆类型。这就是说，运用不同记忆类型来协同记忆会收到更好的记忆效果。

现代科学研究发现，左右脑的协同运用，也有利于记忆力的提高。比如，爱因斯坦的大脑并不像人们所想象的那样，只储存那些逻辑性极强的、系统化的数字和公式（储存于左脑中），事实上，爱因斯坦还是一位小提琴爱好者，一有闲暇就在右脑的指挥下拉起了小提琴（储存于右脑中）。凡人和天才的区别在于，天才注意开发弱势半球大脑的潜能，让左右脑在处理事务时都发挥作用；而凡人大都仅利用优势半球大脑，弱势半球大脑在处理事务的过程中被闲置。

记忆虽然分类不同，但各种类型并没有优劣之分，其效率取决于对各种记忆类型的合理、灵活运用。

※记忆知识

衡量一个人记忆力好坏的标准

记忆类型没有优劣之分，但一个人的记忆力却有好坏之别。人的记忆力水平，可以通过备用性、准确性、敏捷性、持久性4个方面来衡量与评价，这也是评价记忆力品质的4个标准。

1. 记忆的备用性

备用性表现为能在需要时把记忆中储存的信息资料很快地回忆起来，以解决当前的实际问题。因为人们进行活动的目的是为了储备知识，以备不时之需。所以说，备用性是决定记忆效能的主要因素。有些人虽然记忆了很多知识，却不能根据需要去随意提取，就像在一个杂乱无章的仓库里寻找物品，保管员手忙脚乱，一时无法找到一样。这一品质较低的人往往在回答一些小问题时，需要背诵不少东西才能说出正确的答案。

2. 记忆的准确性

这是指对原来记忆内容的性质的保持。"准确性"是良好记忆最重要的特点，如果记忆的差错太多，不仅会使记忆内容失去价值，而且会给我们学习新知识和积累新经验带来麻烦。记忆的准确性可以保证我们将接收的各种信息准确无误地储存下来。我们常常可以看到有的人回答问题总是非常准确，从不丢三落四或添枝加叶，这就是记忆的准确性。

3. 记忆的敏捷性

这一品质体现了记忆速度的快慢，指个体在一定时间内能够记住的事物的数量。有人曾做过这方面的实验：让受试者背诵一首唐诗，有人重复5次就记住了，而有的人却需要重复26次才能记住。速度决定了单位时间的记忆量，只有记得更快，才有条件记得更多。

4. 记忆的持久性

持久性是指记忆保持的时间长短。识记一项内容，有人能长久地保存在记忆里，有人却很快就把它忘记了。从生理学角度来说，记忆的持久性取决于条件反射的牢固性。条件反射建立得越巩固，记忆就越持久；条件反射建立得越松散，记忆就越短暂。同时，记忆的持久性还取决于不同的人对记忆内容的不同选择。比如，一个汽车爱好者可以对各种汽车的参数倒背如流，数十年不忘。但如果让他背规章制度之类的必记内容，则可能很快就忘了。记忆不长久，一般是由于功夫下得不深、复习记忆密度不够造成的，另外也与兴趣有极大关系。

这4个方面共同决定记忆的品质。它们之间相互联系，缺一不可。

第二章
你也可以书写自己的记忆传奇

记忆是一门科学，有其客观规律。每个人的记忆活动都有自身的特点，但这并不意味着规律或方法是可有可无的。凡是能够做到事半功倍的人，他们的记忆活动总是遵循着一定的规律，也特别讲究记忆的方式方法。

1. 晒晒古今记忆传奇

古今中外不乏以记忆力超强而闻名于世的人。《三国演义》中写到，张松去许都拜见曹操，主簿杨修拿出曹操新著的兵书《孟德新书》给张松看，意在彰显曹操的才华。张松看了一遍便记了下来，故意笑道："此书吾蜀中三尺小童亦能暗诵，何为新书？此是战国无名氏所作。"杨修不信，张松道："如不信，我试诵之。"遂将《孟德新书》从头至尾背诵了一遍，并无一字差错。

如果你认为这只是小说家言，那么下面让我们来看一些真实的案例。

江苏人郑才千算得上世界记忆大师，他能在 1 分钟之内通过观看让人眼花缭乱的条形码说出 10 种以上商品的名称和价格，又能对五颜六色的汉字进行颜色记忆，还能用肉眼识别各种二维码，最绝的是在 45 000 个色块当中找到一个不同的色块，他的眼睛也因此被称为"像素眼"。

荷兰程序设计专家克莱因能记住 100×100 以内的乘法表、1 000×1 000 以内的平方根、150 以下数字的对数值，并且可以达到小数点后面第 14 位。他还能记住历史上某一天是星期几。

英国的本·普利德摩尔只花短短的时间就记住了 818 位任意数，而且用 10 分钟就记住了 7 副扑克牌中每张牌的顺序，5 分钟就记住了由 930 个"0"和"1"组成的二进制码的顺序。但是他对日常生活中的事情却很健忘。

苏联的尤里·诺维科夫享有"记忆超人"之誉。有一次表演，台上放有 5 块黑板，每块黑板上有 30 个小格子，这些格子内填满了数字。诺维科夫仅仅朝这些数字看了几秒，就轻松自如地从左到右把黑板上写的 150 个数字全都背了出来。接着，他又从右到左，由上而下，自下而上，甚至按斜角线方向分别流利地说出了所有的数字。

这些实例说明，大脑的记忆力是非常惊人的，人们在惊叹之余，更为关心的是"记忆秘诀"。安德烈·斯卢沙齐克是两项吉尼斯世界纪录（背诵圆周率小数点后大约 100 万位的数字、2 分钟默记 5 100 个数字）保持者，他在谈到记忆秘诀时说："无论是数字、文本、图片还是声音，大脑对此的记忆过程都是连续不断的。在此期间，大脑不时地调用埋在最深处的各个零星的'记忆体碎片'。每当我记忆的时候，我用一种特殊的方式集中注意力：闭上双眼，在脑海中不时闪现所要记忆的目标，如几页文本、几行数字或几幅图画……随后毫不走样地精确重复一遍。"

这就是说，大脑记忆是有规律可循的，要想让记忆力大幅度提高，必须掌握正确的训练方法。

2. 你也拥有一个用来记忆的神奇大脑

科学研究表明，通常人脑的记忆容量相当于 5 亿本书的知识总量，信息的储存期可达 70 到 80 年。那么人脑把这么多信息存放在哪里呢？1951 年，加拿大神经外科医生彭菲尔特给一个癫痫病人做手术时，偶然刺激到病人右脑的颞叶，突然，病人回忆起过去欣赏管弦乐队演奏的一幕。于是，彭菲尔特再次刺激，病人又听到了同样的音乐。因此，这位神经外科医生推断颞叶可能是记忆储存之处。不久，他在给一名 11 岁的儿童做手术时，同样刺激了他右脑的颞叶，这个孩子一下子回想起过去跟小伙伴们玩耍的情景。由此证明，大脑颞叶是重要的记忆中枢。

这一发现，吸引了更多科学家去寻找大脑记忆储存的仓库，虽然至今仍未找到，却发现了大脑是由 140 亿～230 亿个脑细胞组成的，这些细胞都与人的记忆有关联。不过，对于常人来说，在这么多的脑细胞中，一生只有 15% 左右的脑细胞在参与工作，其余 85% 的脑细胞处于"待命状态"。即使是一些为人类发展做出重大贡献的科学家，其脑细胞的使用率最多也只有 20%。可见，我们现阶段对大脑的开发还只是"冰山一角"，根本算不上什么。如果我们能将剩余的部分开发利用，其前景该是多么诱人啊！

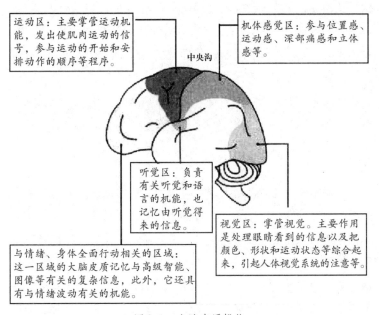

运动区：主要掌管运动机能，发出使肌肉运动的信号，参与运动的开始和安排动作的顺序等程序。

机体感觉区：参与位置感、运动感、深部痛感和立体感等。

中央沟

听觉区：负责有关听觉和语言的机能，也记忆由听觉得来的信息。

视觉区：掌管视觉。主要作用是处理眼睛看到的信息以及把颜色、形状和运动状态等综合起来，引起人体视觉系统的注意等。

与情绪、身体全面行动相关的区域：这一区域的大脑皮质记忆与高级智能、图像等有关的复杂信息，此外，它还具有与情绪波动有关的机能。

图 2.1 大脑皮质机能

也许你会认为自己是凡人，你的大脑不能和天才的大脑相提并论。其实，大脑作为记忆的物质基础，个体差异是非常小的。拥有一个聪明的大脑，并不等于拥有良好的记忆力。人们的记忆力之所以千差万别，根本上是因为对记忆潜力的发掘与运用的程度各不相同。那些"牛人"非凡的记忆力也并非与生俱来，而是依靠后天的培养。因此，一个记忆力差的人，只要脑生理机制没问题，就完全可以通过自身的努力提升记忆力。

曾国藩是晚清名臣，早年时记忆力很差，有关他彻夜读书的故事流传很广。据说，一天晚上他在家读书，一篇文章不知重复了多少遍，直到深夜还不能成诵。恰巧这天他家来了一个贼，潜伏在屋檐下，希望等他睡觉之后偷点东西。可是等来等去，就是不见曾国藩睡觉，而且一直翻来覆去地读那篇文章。贼人大怒，跳出来说："这种水平读什么书？"然后将那篇文章背诵了一遍，扬长而去。实际上，曾国藩的记忆力一点问题都没有，后来他成为清朝的军事家、理学家、政治家、书法家、文学家，也是晚清散文"湘乡派"的创立者，学识渊博，掌握知识无数，俨然是一位记忆高手。他之所以读书很吃力，只是背书方面"死脑筋"，不善于灵活运用。

这就是说，提升记忆力既需要毅力与决心，还需要善于发现和总结记忆的窍门。比如，美国哈佛大学教授马哈德万善于在记忆中产生联想。他在读研究生时，堪萨斯州立大学的汤普森教授曾对他做过一次记忆检测。汤普森任意选 36 个数字，把它们按横六竖六的排法写在黑板上。马哈德万目不转睛地盯着这些数字，他发现里面有"312"，马上联想到这是芝加哥电话分区的代号；而见到"1745"这组数字，就把它当"39"来记，因为富兰克林 1745 年正好 39 岁。如此，马哈德万巧妙地运用联想的记忆方法，把这 36 个数字准确无误地背了出来。

应该说，你和记忆牛人们同样具备开发记忆力的条件。只要有健全的大脑，你就可以书写自己的记忆传奇。当然，你必须懂得记忆的规律与方法，还必须有持之以恒的意志和决心。

大脑是用来思考的，也是用来记忆的。田地越是开垦，就越不会荒芜；大脑越是勤用，就越灵活。我们身边有些人的记忆力差到花半天时间连一首五言绝句都背不下来的程度，可他们一旦谈起游戏玩乐之事，立马能口若悬河、眉飞色舞，记性一点也不比旁人差。这说明他们并不是脑子笨，而是性子懒。因此，我们只要努力奋斗、坚持不懈，终有一天也会成为令人羡慕的记忆达人。

3. 你正处在开发记忆力的黄金期

大脑与人的身体一样都有成长与发育的关键期，青少年处于身体的成长与发育期，最明显的特征是身高的快速增长。同样，在青少年发育期内，他们认识世界的欲望与能力也都处于高速增长期，而这一时期，正是其智力尤其是记忆力开发的黄金时期。其理由有以下几方面。

（1）心无挂碍，学习是唯一"职业"

现在绝大多数中学生的生活都由家长一手操办，他们除学习之外没有其他事情需要自己操心。他们在学校接受着系统而全面的教育，课下也有时间复习，可以专注于记忆大量信息。因此，青少年时期是人一生中记忆量最多的时期。

（2）耳聪目明，年轻的头脑正好使

在人的一生中，青少年时期的精力最为旺盛，所有摄取信息的器官均处于蓬勃状态，信息通道畅通无阻。曾有研究人员通过两家网站进行相关研究，考察了近5万名不同年龄的参与者在4种不同认知任务中的表现。结果表明，18～19岁年龄段的参与者，处理信息的能力最强，做事效率最高。

（3）好奇心强，对新事物感兴趣

儿童好奇心强，凡事爱问个究竟，绝大多数人到了青少年时期好奇心依然不减。在他们的字典里没有"司空见惯""老生常谈"这类词语，也绝不会拿"浅尝辄止""故步自封"当座右铭。只要稍稍看看中外的名人传，我们就会发现，众多著名科学家在青少年时期就具备了对科学的浓厚兴趣，而年少时就以身许国的政治家也不胜枚举。

（4）举国上下重视对青少年的教育

中华民族历来重视教育，儒家文化中"耕读传家"的理念更是深入人心。在这样的环境下，青少年学习知识的兴趣得到充分激发，学习新知识的需求得到充分满足，潜在的记忆力也将得到充分挖掘。

4. 记忆有规律可遵循

世上一切事物的形成过程都有规律可循，大脑记忆也不例外。前文在艾宾浩斯遗忘曲线中提到，遗忘呈现"先快后慢"的规律，即遗忘的过程遵循一个对数曲线的变化规律，最初遗忘得很快，然后随着时间的推移逐渐减缓。而与之相对应的，记忆在时间、记忆量、转化等方面也有规律可循。综合中外众多学者的研究，记忆规律大致可概括为以下几点。

（1）时间律

学习效率通常是以单位时间内摄取的知识量来衡量的。但由于遗忘的作用，并非摄取的知识量越多，大脑记住的东西就越多。记忆时间律显示，每次信息的重复输入，其维持记忆的时间各不相同。比如，第一次在一小时内学会了 20 个英语单词，但记忆维持时间可能只有几小时；而第二次用同样的时间学习这 20 个单词，记忆维持的时间可能就有几天；第三次、第四次反复学习同样的内容，记忆维持的时间可能会达数月之久甚至更长。古人说"学而时习之"，正是这个道理。只有与知识经常见面，才能产生深刻的印象，使记忆更加牢固。

（2）数量律

当大脑需要储存的信息量偏大时，会给记忆带来困难与阻力，也就是说，在提取某一信息时，若扫描全部内容，会导致检索变慢。在这种情况下，如果把记忆对象（信息）归类并适当分散成若干小单元，再依次储存，则能事半功倍，显著提升记忆效果。比如，背诵一篇较长的文章，想要从头到尾一股脑儿地背下来并不容易，而如果逐一背诵各个自然段，可能就容易得多。

（3）联系律

联系律的核心是联想。一般来说，大脑摄取的各种信息之间通常会存在某种联系，认知循序渐进的规律揭示了新旧知识之间的内在联系。任何新知识的获得都是由原先的知识发展、衍生或转化而来，因此，通过对原有知识各种形式的联想，形成新旧知识之间的有机联系，则有利于新知识的储存。联想可分为这样几种类型：

①相似联想：由某一事物或现象想到与其相似的事物或现象，进而产生某种新设想。比如背诵王安石的《登飞来峰》，诗中的哲理、佳句与王之涣的《登鹳雀楼》颇为相似，我们产生联想后，就很容易记忆并理解这两首诗。

②谐音联想：利用相似或相同的发音进行联想。

③特征联想：利用形状、数字及时空等方面的特征进行联想。

④对比联想：根据事物之间存在的相异、相反的情况进行联

想，以达到记忆的效果。比如，数学中的加与减、乘与除，将其运用规则进行对比，则容易明白，容易记忆。

（4）转化律

记忆是一个持续巩固的过程。无论是由瞬时记忆到短期记忆再到长期记忆，还是由感知保持到理解、衍生新知，它们都有一个转化过程。这是一个由量变到质变的过程，达到质变之后，外来信息就能长期、牢固地储存在脑海里。学习者要善于把短期、薄弱的记忆转化为长期、牢固的记忆。

（5）干涉律

干涉可以概括为"前摄抑制"与"倒摄抑制"。先学习的材料对后学习的材料的识记和回忆起干扰作用，这就是"前摄抑制"；后学习的材料对先学习的材料的保持和回忆起干扰作用，这就是"倒摄抑制"。但这种抑制对记忆并不是一点作用都没有，在干扰过程中，如果前后信息（知识）互相加强，则属于"正干涉"，利于知识记忆；前后信息互相干扰，则属于"负干涉"，不利于知识记忆。显然，我们在学习时要充分利用正干涉，尽量避免负干涉。

（6）意向律

记忆的效果在很大程度上取决于识记者的努力、兴趣与需要等主观因素。主体是否有明确的识记目的和任务，是否有强烈的学习愿望和动机，这些都是影响记忆效果的决定因素。另外，强烈、新鲜的刺激更能激起人们的兴趣，突出自身感受，继而强化记忆。比如，在特殊环境下学习，或带有趣味性的学习，其记忆效果同平时相比要好得多。

　　以上规律是就通常情况而言的。我们在应用这些记忆规律时还要因人而异、因记忆对象而异，每个人都要结合实际、发挥特长，正确理解和应用这些规律。

第三章
提高记忆力的基本条件

我们已经知道，人的记忆与大脑的生理机制、功能机制有密切关系，所以整合记忆机制是提升记忆力的基本前提条件。比如，人类大脑在快乐或痛苦（悲伤）的情绪下，记忆力有很大差别。再如，人对自己喜好的事物往往特别关注，记忆相关的信息也会比较深刻。那么，反过来说，记忆力的提高，往往依赖于你的情绪、兴趣、关注目标、信心、恒心、方法以及大脑保健等。总而言之，以上几个方面必不可少。

1. 兴趣：缺乏兴趣，将使记忆消失

常言道，兴趣是最好的老师。其实，兴趣也是记忆最可贵的动力。麦克唐纳曾说："几乎没有人会记得他丝毫不感兴趣的事情。"一个人只要对某一事物有了兴趣，就会舍得在该事物上花精力、费心思，他全部的注意力就会集中到这一事物上，不会就去学，不懂就会问，不通就会钻，不达目的誓不罢休。

（1）有兴趣，就不会对记忆对象感到枯燥

歌德有句名言：缺乏兴趣，将使记忆消失。相反，兴趣浓厚，记忆力也会随之提高。比如，一个小学四年级的男生对历史故事感兴趣，阅读了《三国演义》《前汉演义》《东周列国志》等古代名著，于是他的大脑里保存了大量历史知识，他在记忆人名、地名、朝代名甚至兵器名称等方面表现出非凡的能力。而同班另一个年龄相仿的女生，她对这类图书毫无兴趣，无论怎么下功夫也记不住这些在她看来枯燥无比的内容。而她对英语单词的记忆有兴趣，因为她的阿姨在英国，经常和她用英语通话，所以她对英语知识方面的记忆特别强。

在中小学生中普遍存在偏科的现象，其根本原因正是兴趣的缺失。一旦学生对某一学科缺乏兴趣，即便课堂上老师讲得精妙绝伦，对学生而言也只是过眼云烟，一下课便会忘记。那些课堂上打瞌睡的学生，并不一定都是熬夜看足球的小球迷，更多的还是觉得学习枯燥乏味的人。

爱因斯坦在回答一位女士什么是相对论的提问时曾比喻道：如果你坐在火炉旁，会觉得时间过得很慢；如果你坐在一位漂亮的姑娘旁，会觉得时间过得很快。这个解释相对论的比喻，同样可以诠释兴趣与记忆之间的紧密联系。

（2）有兴趣，就容易发现记忆对象的特征

学生对所学知识有无兴趣是很容易分辨的，只需观察他是否愿意为其耗费精力并乐此不疲，就可以进行判断。比如，学生在做作业时，最先选择做的科目往往是他感兴趣的科目，而放到最后才做的多半是他厌倦的科目。同样，一家人饭后闲谈时，孩子经常提到的老师，其所教学科大多是孩子感兴趣的学科。

有了兴趣，对记忆对象的了解就不会仅停留在表面，而会由浅入深地掌握其特征。比如，中国各大城市的名称，多数学生觉得枯燥难记，只好摇头晃脑地死记硬背一通。可是，对地理感兴趣的同学却完全不觉得难。比如，某同学的父亲是长途汽车司机，家里有一本《全国公路交通地图手册》，而他对这本图册爱不释手。在阅读过程中，他发现中国各大城市之间有铁路干线相通，长江、黄河沿岸也分布着许多重镇，有些城市的名称与山脉有关。于是，他从这些方面入手，轻易地记住了全国大中城市的名称与位置。可以说，兴趣越大，记忆就越牢固。

当然，人的精力是有限的，而兴趣也是有选择性的，对某一事物的关注往往意味着对其他事物的漠视。我们或许无法记住所

有事情、知识，但可以甄别出哪些是我们真正需要的，就能有针对性地加以牢记。

（3）有兴趣，就能长久维持对记忆对象的注意力

注意是人在清醒意识状态下对一定对象的指向和集中的心理活动。当人对某一事物高度注意时，就会对这一事物反应得更迅速、更清楚、更深刻、更持久。有位教育家说："注意是我们心灵的唯一门户，意识中的一切必须经过它才能进来。"中学生一旦对某一学科产生浓厚的兴趣，自然会对这门学科保持较高的关注度。当代许多中青年作家都有这样的经历，他们中学时代就爱好语文，尤其喜好作文。他们的作文常常被老师当作范文在班上展示，校报上也不时有他们的大作面世。从校园到社会，他们对文学的兴趣日渐浓厚，最终把文学创作当成了自己的终身事业。

兴趣可以使我们的注意力高度集中，只有那些进入注意状态的信息，才能被认知，并通过进一步加工而成为个体的经验，其目标、范围和持续时间取决于外部刺激的特点和人的主观因素。如果学生对学习缺乏兴趣，总是心不在焉，注意力就很难集中在学习对象上，就会导致视而不见、听而不闻的现象，也就不能很好地感知和记忆知识。

2. 自信：记忆力强的，都是自信的人

自信是一种健康的心理状态，是成功人士的必备素质。美国教育家戴尔·卡耐尔在调查了很多名人的经历后指出："一个人事业上成功的因素，其中学识和专业技术只占15%，而良好的心理素质要占85%。"自信是相信自己有能力实现目标的心理倾向，是推动人们朝目标奋斗的强大动力，更是人们成功的保证。

（1）有自信，对自己的记忆力深信不疑

人的记忆力表现在各个方面：有的人擅长记公式，有的人擅长记人名，有的人擅长记外文，有的人擅长记地名。我们完全不必因为自己在某些领域的记忆力欠佳，就全盘否定自己的记忆力，丧失信心。一个有自信的人，对自己的能力是深信不疑的，对前进路上可能会遭遇的困难也是无所畏惧的。因为自信，迎难而上；因为自信，越挫越勇。记忆是一个艰辛的过程，既非一蹴而就，亦非一劳永逸。只有自信，才能获得强大的心理优势，时时暗示自己：我行，我一定记得住！

无论是初中还是高中，都有大量知识需要识记，比如许多古代诗歌和古代散文的背诵，需要学生积极面对。从普遍的成效

看，以积极自信的态度投入背诵的同学，大多记得快、记得牢；以消极自卑的心态应付背诵的同学，往往记得慢、错误多。原因在于：自信者的固有能力得到了数倍放大，而不自信者即便有一定能力也难以正常发挥。

（2）有自信，容易藐视记忆过程中的挫折

一位研究人类记忆的教授曾说："不相信自己能记住，往往就注定了你记不住。"只有自信，才能让你战胜记忆中的种种困难。记忆需要充足的时间与精力去经营，一篇文章、一首诗、一个公式或定理，即便一口气背下来了，如果不及时复习、运用，很快就会遗忘。因此，我们对记忆活动中所遭遇的困难与挫折应该有一个客观、理性的认识，并以积极的心态去面对。看不到记忆活动中的艰苦，一味地盲目乐观是不行的；把记忆中可能遇到的困难无限放大，视记忆为苦役也是不行的。只有藐视记忆过程中的困难与障碍，并通过坚持不懈的努力，才能实现记忆的预期目标。

（3）有自信，容易获得积极与快乐的情绪

倘若在记忆过程中找不到快乐，甚至痛苦不堪，其效率必然是低下的。想记却记不住，是许多学生记忆过程中常见的苦恼，以至于对记忆丧失了信心。而信心的缺失，反过来加重了他们的心理负担，产生抑郁、焦虑、愤怒等不良情绪。不但使思维受限，也使记忆效率进一步下降。

相反，自信的人能够实事求是地评估自己的知识、能力，也能虚心接受他人的意见，更重要的是能够及时发现自身的长进与收获。因此，他们对自己所从事之事充满信心，任何细小的收获都能使他们欣喜有加、快乐满满。

快乐的情绪是一种积极的精神力量，它能鼓舞人们去克服困难，获得成功。高尔基指出："只有满怀信心的人，才能在任何地方都把自己沉浸在生活中，并实现自己的理想。"

放眼我们周围那些记忆力超群的人，他们无不流露着自信与快乐，因为他们把记忆当成了一种高强度的自我挑战。与其说他们享受的是记忆的最终结果，倒不如说他们享受的是记忆的过程。

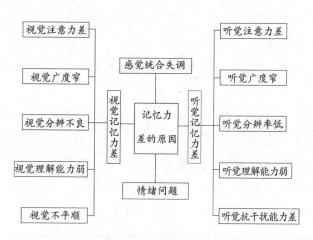

图3.1 记忆力差的原因

3. 目标：进步就是将目标不断前移

对学生来说，每个人都有自己的学习目标。只有明确自己要掌握的内容，才能真正发挥自己的全部力量去将这些东西牢牢记住。

有人做过一个实验：安排 3 组人，让他们分别朝着 10 公里以外的 3 个村子步行。

第一组的人不知道村庄的名字，也不知道路程有多远，只是跟着向导缓缓前行。刚走了两三公里就有人叫苦，走到一半时，他们抱怨为什么要走这么远，何时才能走到，有人甚至坐在路边不愿再走。一路上他们的情绪越来越低。

第二组的人知道村庄的名字和路程，但路边没有里程碑，只能凭经验估计行程。走到一半时，大多数人纷纷询问他们已经走了多远，比较有经验的人说："大概走了一半了。"当走了 3/4时，大家已是疲惫不堪，情绪低落，看不到抵达的希望。这时有人说："快到了！"大家这才振作起来加快了步伐。

第三组的人不仅知道村庄的名字、路程，而且公路上每一公里就有一块里程碑供人们参考。大家每走完一公里便高兴地欢呼一声。整个行程中，他们始终情绪高涨，用歌声和欢笑来消除疲劳，很快就到达了目的地。

当人们的行动有明确的目标，并且把自己的行动与目标不断加以对照，清楚地知道自己的行进速度和与目标的距离时，就会增强动力，自觉克服一切困难，努力达到目标。而这个道理，同样适用于你对记忆的科学管理。

（1）记忆目标的不可或缺性

①有目标，可为记忆确定明确的方向。

记忆绝不是一种盲目的行为，必须有明确的目标或方向方可保证记忆任务的真正落实。如果漫无目的地乱记一通，看似刻苦，事实上记忆的效果却难以保障。比如，背诵元素周期表，想要花费多长时间，中间分成几个阶段，最终达到何种程度，预先都要有通盘的考虑。

②有目标，可为记忆制订合理的计划。

一个目标的达成，总要经历各个阶段或环节。比如，我们的目标是一学期背诵7~8篇散文，外加10首古诗。如果一个学期有近20周的时间，那么每周应该至少背诵多少，也就不难做出安排了。

③有目标，可为记忆提供强大的动力。

有目标就有压力和动力。无论记忆目标的长短，总能让记忆者集中一定的时间与精力去熟悉记忆对象，攻克记忆堡垒。我们在此使用"目标"这个概念，而不是"任务"，因为"任务"有外界强加的意味，而"目标"则含有更多主观的意愿。一旦有了主观意愿，自然就会产生强大的动力。

④有目标，可对记忆实行严格的管理。

记忆任务不能完成的原因主要有两类：一是记忆行为没有贯彻始终，浅尝辄止，三天打鱼两天晒网；二是记忆兴趣转移，舍弃眼前的任务而另寻新的记忆对象。如果有明确的记忆目标，就能够锁定具体任务，对记忆实行严格的管理，确保任务的完成与目标的实现。

（2）**记忆目标的管理原则**

①记忆目标的制订必须科学合理。

对记忆目标的管理能否产生理想的效果、取得预期的成效，首先取决于目标的制订。科学合理的目标，是目标管理的前提和基础。一旦目标脱离实际，轻则影响记忆的进程和成效，重则使记忆计划失去实际意义，沦为摆设。

②对记忆过程的监控必须贯穿始终。

在对记忆目标的管理过程中，丝毫的懈怠和放任自流都可能产生巨大的危害。作为记忆目标的实践者和管理者，我们必须随时跟踪每一个具体目标的进展，发现问题及时分析、调整，采取正确的补救措施，确保目标正常实施、进展顺利。

③记忆目标的成本控制必须严格。

任何目标的实现都必须考虑成本。因而考核评估时，切不能过于注重结果。因为这很容易让目标责任人只重视目标的实现，而轻视成本的核算，特别是当目标运行遇到困难并可能影响目标的按时实现时，责任人往往会采取一些过激的手段，导致实现目标的成本大幅上升。比如，为了背熟一首唐诗而耗费一整个上午，势必会影响其他学习任务，而这过高的成本和代价是他承担不起的。因此，在督促检查的过程中，必须严格控制运行成本，既要保证目标的顺利实现，又要把成本控制在合理范围内。

④对记忆成效的评估须善始善终。

对任何一个记忆目标，都必须进行严格的考核评估。比如，目标究竟落实得如何，一天背诵了多少，一周或者半个月背诵了多少，都应该及时予以评估，以保证目标按质按量的实现。有些学生在实现记忆目标的过程中，时紧时松，直到最后阶段才临时突击，这样显然是不可取的。

4. 计划：预则立，不预则废

学习目标与计划相比，往往是比较抽象的、长远的，而计划则是较具体的、阶段性的措施。古人云，凡事预则立，不预则废。制订计划的意义在于使我们的学习有条不紊、按既定步骤循序渐进。其具体作用表现在以下几方面。

（1）督促作用

人都是有惰性的，如果没有一个明确的量化指标，仅靠自觉性来完成一件事情，难免会出现一些预料不到的状况，如进度滞后、质量降低等。因此，若能制订一项详细、周密、科学可行的记忆计划，遵循其步骤、要求来完成阶段性的记忆任务，其成效就有了保证。计划对记忆起着一种督促的作用，有利于预防和纠正执行过程中可能出现的偏差。

（2）提示任务

人脑不是电脑，在忙碌时难免会忘记一些东西。如果没有制订具体的计划，只是粗略地规划一下就开始执行，则很容易遗漏一些环节。相反，如果开始就制订出具体的记忆计划，将容易遗漏的环节写进其中，就能时刻提示自己在现阶段要做哪些工作。

如此一来，记忆计划就可以起到提示记忆任务的作用。

（3）理清思路

制订计划是个思考筹划的过程。制订好记忆计划，脑中就会浮现该计划的蓝图。在制订的过程中，理清完成任务的思路，实施起来自然就胸有成竹、有条不紊，为既定任务的完成增添几分把握。

（4）培养良好习惯

长期制订计划，可以使人在生活、工作和学习中养成良好的习惯。一个人习惯了制订学习计划并加以遵守执行，就能做到做事不拖拉、不懒惰、不推诿、不依赖，养成今日事今日毕的好习惯。仔细观察那些善于记忆的同学，他们在记忆前总是先订好计划，并依计划而行，勤背勤记，摸索出一套适合自己的记忆方法，也养成了良好的记忆习惯。

（5）总结与回顾

每次制订新的记忆计划时，你都可以发现以前制订与执行的计划中存在的不足，并总结出一些经验教训。比如，在记忆的时间安排上不够科学，忽视了边边角角的小块时间而挤占了大块的学习时间；还有记忆任务中对文理知识的合理配置考虑不充分，造成各记忆任务之间的冲突或覆盖等。通过制订计划，对记忆行为进行梳理、总结，可以使你的记忆成效更显著，避免或减少"少、慢、差、费"的现象。

一日之计在于晨，一年之计在于春，一生之计在于勤。记忆需要勤奋，懒人总是缺乏记性的。中小学生处在记忆知识的关键期，需要记忆的东西很多，干扰记忆的因素也很多。因此，我们要高度重视记忆对于学习的重要性，制订科学的计划并切实贯彻到底。

5. 方法：方法乃记忆之母

记忆是一门科学，有其客观规律。每个人的记忆活动都有自身的特点，但这并不意味着规律或方法是可有可无的。富勒曾说，方法乃记忆之母。凡是能做到事半功倍的人，他们的记忆活动总是遵循着一定的规律，也特别讲究记忆的方式方法。

(1) 讲究记忆方法对于提高记忆效果的好处

①讲究方法，可以提高记忆效率。

《学记》中指出："善学者师逸而功倍""不善学者师勤而功半"。而"善学"与"不善学"的区别，主要在于有无良好的学习方法。拥有良好的学习方法，就能够达到事半功倍的效果，反之则事倍功半。倘若我们不掌握科学的记忆方法，那么记忆活动必然是盲目、低效的，难以达成预期目标，更难以收获成功的喜悦。

②讲究方法，可以减少记忆偏差。

不同人的记忆力是有差别的，造成差别的因素很多，其中一个重要原因就是记忆方法的不同。是否讲究记忆方法，遵循记忆规律，对记忆的效果具有显著的影响。如果讲究记忆方法，就能合理制订计划，科学安排时间与任务，减少失误的发生。

③讲究方法，可以增强记忆的信心。

讲究记忆方法容易在短时间内取得明显成效，会大大增强我们对记忆这种看似枯燥的活动的信心，从而将记忆视为乐事而非苦役。研究表明，善于背诵的同学，总乐于为自己增添新的背诵任务，因为他们大多能够熟练掌握背诵的方法与技巧。

（2）讲究记忆方法，主要体现在对时间与任务的科学安排上

①上课专心听讲。

课堂是学生获取知识的主要途径，也是高强度记忆活动的场所。上课听讲，首先是记忆，其次是思考。这里所说的"记忆"包含两种重要方式：一是用耳朵认真听，二是用笔认真记。

②课前预习，课后复习。

记忆牢固与否，在于印象是否深刻。为了加强记忆痕迹，我们需要科学安排记忆的时间，把握好课前预习的"入口"与课后复习的"出口"。课前查阅各种资料，标出不懂的部分，上课时有针对性地听讲；课后在头脑中再现重点知识，以加深印象。

③有良好的读书习惯。

正确朗读、背诵课文内容，并自觉多读课外文章，多做心得笔记，以此加深记忆，提高记忆质量与效果。

④认真做好作业。

做作业是复习的一种形式，也是对课堂所学知识的演练。我们要认真对待作业，遇到问题要积极探索、钻研，直到完全明白。这样才能真正记忆所学知识，并且举一反三、熟练运用。

⑤科学合理地安排时间。

一寸光阴一寸金。只要合理利用，一切时间都是学习的最佳时间，同时也是记忆知识的黄金时间。那么，我们应该怎样合理分配时间，记忆各科知识呢？

第一，抓紧起床后的时间。每天清晨，可以放声朗读语文、外语、政治、历史等学科的知识。清晨空气清新，头脑也清醒，记忆力最强。

第二，抓紧就寝前的时间。人经过一天的忙碌，洗漱完一身轻松，这时候记忆一些东西也是极好的。与早晨不同的是，睡前记忆知识适合默记。无论是文科知识还是理科的公式定理，都可以默记。

第三，抓紧课间、午睡前后等空闲时间。别小看这些零碎的空闲时间，利用起来也是很可观的，记一个公式、一个单词、一首古诗，绰绰有余。日积月累，收效可观。

6. 检验：可让自己的不足显现出来

检验，即检查与验证。制订了记忆计划，明确了记忆任务，接下来就是落实。而落实情况如何，计划是否可行，任务是否完成，都需要检验。

（1）检验的意义

①了解记忆的进展情况，查漏补缺，及时调整进度或改进计划。比如，计划执行得如何，是否达到了预期的记忆效果等。

②通过检验可以督促学生更自觉、更扎实地对待各学科知识的记忆与整理，让学生清楚自己的学习状况，避免懈怠或盲目乐观。

③记忆不仅是学生的自主学习任务，也是教师教学工作的组成部分。检验学生记忆计划的落实情况，有助于教师了解学生的上课情况。因为学生如果记不住相关知识，除了记忆问题外，也可能与课堂知识的学习和理解有一定的关系。

④勤于检验还可以使记忆更加深刻，将许多短期记忆转化为长期或永久记忆。

检验不仅要勤，更要贴近学生的学习与记忆现状。检验的难度要适当，要让学生在检验中获得动力、鼓励以及成就感。

（2）**检验的方式**

①背诵。

背诵分为集体背诵与个人背诵。集体背诵可以是全班或全组同学一起背诵，教师根据背诵情况对背诵者做出评价。这种检验方式在语文、英语、文综等学科中尤为适用。

②默写。

默写是对背诵的检验，也是对背诵的深化。许多学生背起书来十分在行，但不一定能将背熟的内容正确书写出来，更不要说理解与运用了。但无论是中考还是高考，对背诵的检验无不需要通过默写来完成。因此，定期在课堂上进行默写测验，是很有意义的。

③听写。

听写是默写的一种特殊形式，非常适用于对词语形、音、义的考查，在语文词语、外语单词的记忆上具有无可替代的作用。

④问答。

问答也能有效检验学生对所记忆知识是否掌握，以及掌握的具体情况。老师提问，学生回答，教学相长，很有益处。当然，同学之间也可以相互问答，共同进步。

⑤考试。

考试是对记忆的有效检验形式，可分为与内容相关的课后检测、单元检测，也可分为与阶段相关的期中检测与期末检测等。此外还有月考、段考、竞赛等考试形式，都能起到检验学生学习状况及记忆程度的作用。

7. 恒心：常思常背想记住的东西

（1）恒心对记忆能力的重要性

恒心是一种持久力，也包括耐挫力和抗干扰力，是一种不达目标誓不罢休的心理倾向。这些能力并非与生俱来，而大都是随着人的成长和教育的要求不断磨炼和提高的。也就是说，恒心是练出来的，无论是别人逼迫，还是环境促使，或是自己督促。下面让我们看一下恒心的重要性。

①没有恒心，就无法为记忆提供持久力。记忆的完成有一个漫长的过程，不能仅凭一时的心血来潮。很多学生记不住或记不牢，或是半途而废，都是因为缺乏持之以恒的信念。

②没有恒心，就无法为记忆提供耐挫力。记忆的过程也是与遗忘做斗争的过程，其中必有反复，必有辛苦。而在这时，意志与恒心无疑能够为记忆的完成提供耐挫力，使我们能够坚持到最后。

③没有恒心，就无法对记忆过程进行管控。记忆目标从制订到最终完成有一个漫长的过程，其间有起伏有波折，需要随时对记忆的进度进行调整，对记忆的效果或质量进行分析与管控。

恒心即决心，是一个人在实现理想或目标的过程中克服懈怠、退缩等消极态度的品质与能力。

（2）恒心的锻炼与养成

恒心的养成与环境有很大关系，简单或艰苦的环境更有利于恒心的培养。可是，现在大多数学生的家庭条件较过去富裕、优越，从前可以砥砺青少年的持久力、耐挫力和抗干扰力的环境已不复存在。通常家长对于孩子的愿望会极尽所能地给予满足，想要什么就会有什么，不想做什么就可以不做什么，放弃对于孩子来说是极其轻松的一件事。可以说，对于生长在经济条件比较好而又缺乏教育意识的家庭中的学生，培养恒心是极为重要的。

（3）恒心的锻炼与养成的途径

①父母给子女温暖的同时，也要多给他们一些责任，让他们也有操心的事情做；

②父母不要一味地满足孩子的愿望，应该对他们的某些愿望坚决地说"不"；

③子女的任何索取都应该有付出，优越的环境不等于优越的待遇；

④今日事今日毕，家庭和学校都应该重视培养中学生的时间观念与效率意识；

⑤努力为学生创设相对简朴的生活环境，让他们养成持之以恒、心无旁骛的品质；

⑥学校应让学生多接受一些励志教育，不能以分数作为对学生评价的唯一或最高标准，对于刻苦勤勉的学生应及时给予更多的褒扬与鼓励。

第四章
不能丢掉的老办法——记忆诀窍之一

　　记忆方法没有好坏之分，只有适合与否。一些从古至今的传统方法不能轻易放弃。只要是学习，就会遇到困难或障碍。但是，困难或障碍存在一定程度的差异，有的稍加努力就能克服，有的需要花上更多的气力，有的除了刻苦努力之外，还需要寻找方法，借助外部力量的帮助。如果对这些困难不加区别地平均使用力量，可想而知，成效是难以保证的，只能是事倍功半。如果根据对象的具体情况、困难的难易程度有的放矢地使用力量，其成效就可能事半功倍了。

1. 背诵记忆法

背诵是阅读的基本功之一，指不看原文凭记忆念出内容。背诵是一种常用而有效的记忆方法，可以培养和锻炼我们的记忆力。俄国大文豪列夫·托尔斯泰曾说："背诵是记忆的体操。"他之所以博闻强识，并非拥有什么"特异功能"，而是坚持每天做"记忆体操"的结果。背诵这一智力体操，有助于条件反射的建立和强化。人的记忆力和肌肉一样，只有坚持锻炼才能增强。懒于记忆，不肯背诵的人，其记忆力总是很糟糕的。

当然，背诵不能死记硬背，还需掌握一些技巧。

（1）顺序背诵法

写作顺序主要分为时间顺序、空间顺序、逻辑顺序。我们可以按照这些顺序来理清文章思路，寻找利于背诵的最佳途径。在背诵时，我们要求按照事物的固定顺序，不分主次，确保不会出现差错和遗漏。比如，《核舟记》是按空间顺序写作的，背诵时也可依照这一顺序：整舟→船中→船头→船尾→船背。

（2）抄读法

这是将眼、口、手、心综合运用于背诵的方法。明代文学家张溥将自己的书斋命名为"七录斋"，正是有感于读了不能记，便代之以抄读。对于文章的字、词、句，我们要做到眼看、口念、手写、心想。抄抄读读，读读抄抄，读完部分，便抄完部分，也就背完部分。待到全部读完，就全部抄完，也就能够全部背诵完。当眼熟、口熟、手熟、心熟之后，就可将全文自然而然地背诵出来。

（3）关键词背诵法

所谓关键词，一是指需要背诵的句子、段落的领头字词，二是指容易联想背诵内容支撑点的关键性动词。例如，背诵《生于忧患，死于安乐》中历数担当大任的人历尽挫折的句子时，可抓住"苦""劳""饿""空乏""拂乱"等意义或用法独特并在文中作用显著的词语。相关实验证明：在同样的时间内，使用关键词法学习俄语单词的实验组比其他组的学习量提高了50%以上，6周后测试记忆效果，用关键词背诵法学习的人回答正确率是43%，而用普通背诵法学习的人回答正确率只有28%。

（4）"整分联"背诵法

又称分合法，即化整为零，将全文分句背诵，在句中背关键词，由词连句，由句连段，再由段连篇。或先抓住要背内容的主要部分，再带动次要部分，最后合背。一般来说，这种方法要求学生先对课文进行整体阅读，然后将每个语段分别背诵，直至背熟记牢，最后再将所有段落联合起来进行记忆。对于像《曹刿论战》《出师表》《阿房宫赋》《赤壁赋》《过秦论》等这样篇幅较长的古文，这种方法是切实有效而便捷的。

（5）创设情境法

先将所写内容的来龙去脉了然于胸，在脑海中形成画面，然后在朗读的同时去想象那些情节或其描述的场景。把记忆对象当作剧本，你的大脑就是一部摄像机，可以将其变成一部电影。如背诵朱自清的散文《春》时，可以将文字转化为"春草图""春花图""春风图""春雨图"等画面，根据情境熟读，进行理解和记忆。或者我们可以找一些需要背诵的文章的视频素材，重点关注带朗读的画面，这样对视觉和听觉都能产生一定的刺激，再与之前的朗读和背诵相结合，提高背诵效果。

（6）延伸法

一般来讲，背短文或诗歌时，我们可从开头逐句延伸背诵，即背会第一句后，背第二句时把第一句带上，背会前两句，背第三句时再把前两句带上，以此类推，直至背诵全文。

（7）朗读背诵法

朗读，即高声诵读。美国俄亥俄大学心理学教授 H. F. 巴特和 H. G. 碧克通过有关实验表明：在学习外语时，将单词读出声更容易留下较深的印象，朗读背诵比默念记忆的效果要高 34%。朗读要做到"三到"：眼到、口到、心到，使多种感官同时运动。有些学生读书时只肯默念，不肯放声朗读，这样往往难以取得良好的记忆效果。

（8）点线法

抓住文章的脉络，提炼各层次的关键词、句作为记忆点，如表现人物形象的动词等，根据先后次序排列起来，再连点成线，连线成面，按照文章写作的线索，将全文的主要内容联系起来，展开快速记忆。如《醉翁亭记》第三段的线索为：滁人游——太守宴——众宾欢——太守醉；《狼》的线索为：遇狼——惧狼——御狼——杀狼——评论。只要抓住线索，同学们就能准确而快捷地背诵了。

（9）最佳时间背诵法

一日之内，清晨空气新鲜，人脑清醒，精神饱满，是背诵的最佳时间；另外，在晚上临睡前，大脑记忆不受其他信号干扰，记忆的效果也很好。一周之内，周末也是适合背诵的时间。

（10）最佳心态背诵法

如果对背诵没有信心，不论读多少遍也记不住。另外，在情绪激动或者沮丧的时候，背诵的效率也会下降。因此，背诵时必须保持平静、愉悦的心态，以饱满的精神投入其中。

※记忆研究

让你的大脑更善于记忆

大脑喜欢色彩。色彩对大脑神经元的刺激更强烈，将记忆对象色彩化，能大大提高记忆效果。

大脑需要休息，才能学得快、记得牢。大脑集中精力最多只有 25 分钟，学习 20～30 分钟就应该休息 10 分钟。如果你感到大脑昏沉，不妨先拿出 20 分钟小睡一会儿再继续学习。快节奏的生活方式使我们很难保证每晚 8 小时的睡眠。根据国家睡眠基金会的数据，85% 的哺乳动物都是多相睡眠者，这意味着它们会打盹，我们人类也属于这一类。小睡 20 分钟对你的注意力和记忆力都有很大的改观。

大脑像发动机，它需要燃料。脑细胞把氧与葡萄糖作为燃料消耗，脑中处理的事务越艰难，燃料就消耗得越多。因此，要使脑发挥出最佳功能，就必须保证这些燃料的充足。血液中缺糖少氧会使人无精打采、昏昏欲睡。适当地吃一些含葡萄糖的食物（水果是其中的上品）可以大幅提升操作记忆、注意力、运动机能的效能与精确性，以及改善长期认知记忆。

大脑喜欢问题。大脑不断地接受各种信息，当你在学习或读书过程中有了疑问的时候，大脑会自觉调动已有知识去解决问题，这样你的学习就有了思维含量，从而提高你的学习效率。

大脑和身体有自己的工作节奏。有专家将大脑一天的工作节奏分为 8 个时间段，有几段时间大脑记忆思维最敏捷，利用好这一节奏会让你更健康、更有活力。

大脑有自己喜欢的气味。一般人们对嗅觉的反应都是经过大脑处理后的反应，大脑对各种气味的反应是非常敏感的，它所厌恶或喜欢的气味都会对神经元产生强刺激。当你觉得大脑有些迟钝的时候，不妨用一些薄荷、柠檬和桂皮等刺激一下。

　　大脑虽然善于思考，但它不善于对信息进行过滤和选择，几乎对所有信息都来者不拒。但当我们的记忆容量有限的时候，大脑会自动地对我们面对的信息加以甄别和过滤，去粗取精，以保证我们能够最大限度地将记忆资源用于最有价值的地方。因此，我们尽量不要提供消极信息，而要用积极的内容来填充它。

　　大脑如同肌肉。无论在哪个年龄段，大脑都是可以训练和加强的。"如果你不使用它，你就会失去它"，这句话也适用于大脑。对大脑可塑性的研究告诉我们，通过对大脑进行种种锻炼，你可以阻止这种退化。所以，你一定要"没事找事"，不要让大脑长时间闲着。

2. 理解记忆法

人们常说，理解是记忆的第一步。在日常学习中，记不住重点内容，其原因往往是只注意枝节，而忽略了对本质的理解。所谓理解，用古语来说，就是不仅要知其然，更要知其所以然。从生理学角度来说，理解就是在已有的条件反射基础上，建立新的条件反射，并将新旧条件反射组成系统。

理解记忆法是指在积极思考达到深刻理解的基础上记忆材料的方法。理解能够帮助学生更快地记忆，更好地吸收文章内容。对要求背诵的文章，先理解其内容、背景，然后理清顺序，弄懂全篇文段、句子，领会其要旨。对于其中的一些字句也要逐一琢磨，边背诵边体悟，背起来会更容易。

(1) 理解记忆依赖对材料的理解和加工

理解材料内容是理解记忆的前提。这种理解不仅仅指看懂材料，还包括理清材料各部分之间的逻辑联系，以及该材料和以前的知识之间的关系。因此，学生对材料的理解程度，决定着理解记忆的最终效果。

很多材料都是有意义的，如学科要领、范畴、定理、法则和规律或是历史事件、文艺作品等。我们在记忆这类材料时，通常不必采取逐字逐句死记硬背的方式，而要首先理解其基本含义，借助已有的知识经验，通过思维进行分析综合，把握材料各部分的特点及内在的逻辑联系，使之纳入已有的知识结构，保存在记忆中。

（2）理解记忆的效果优于机械记忆

机械记忆是理解记忆的基础，但效率远低于理解记忆。德国著名心理学家艾宾浩斯曾做过一个记忆实验，他发现记住 12 个无意义音节，平均需要重复 16.5 次；记住 36 个无意义音节，平均需要重复 54 次；而记住 6 首诗中的 480 个音节，平均需要重复 8 次。这个实验告诉我们，对于已经理解的知识，就能记得迅速、全面而牢固，而死记硬背的效率则是有限的。

例如背古文，如果不先理解文章的意思，那么就会像背天书一样，非常吃力。如果把文中的实词、虚词都弄清楚了，把全篇的中心意思都领悟透了，就可以在理解的基础上进行记忆。这样不仅效率快得多，印象也更深刻。

（3）理解记忆应与机械记忆相结合

我们说理解记忆效率高、效果好，是不是说只要理解了就一定能记住呢？答案是否定的。即使对于已经理解的内容，往往也需要多次重复才能记住。有的人理解了某个知识点，就觉得学习过程已经结束，而不再有意识地要求自己记住它们，也不再重复加深印象。这样是不可能完全而准确地掌握学习内容的。

我们在记忆材料的时候，只要它是有意义的，就应该向自己提出"先理解、后记忆"的要求。把材料分成大小段落和层次，找出它们之间的逻辑联系，在理解的基础上进行记忆，而不要从一开始就逐字逐句地记忆。

（4）理解记忆的要领和步骤

①了解大意。

这是理解记忆的第一步骤。当你记忆某个事物的时候，首先要弄清其主要内容。拿读书来说，先要通读或者浏览一遍，对全书形成整体的印象，因为只有了解全貌才能对局部进行深刻的理解。如果是记忆音乐，同样要先完整地听一遍全曲。

②熟悉局部。

对事物的整体有了大致了解后，就要逐步深入分析。比如背诵一首古诗，在整体阅读形成大致印象后，就要对诗句做进一步理解。再如，背一篇论文，要弄清它的论点论据，根据结构分成若干段落，逐个找出大意，也就是"信息点"，然后加以认真分析、思考，并对其结构层次做微观分析，从而准确地领会全文，最后加以记忆。

③抓住关键。

文章的"关键"，一般是指全文主旨、段落要点等。我们在记忆时，要对识记材料进行分析综合、仔细斟酌，力争掌握其内容实质，这正如韩愈在《进学解》中所说的"提要钩玄"，找到文章的要点、难点，并在理解的前提下牢牢记住。

④融会贯通。

某些知识必须通过"死记硬背"，才能把它变成自己的知识，比如数理化中的公式、定理、定律等。但是，各种不同的知识有着广泛的联系，单凭死记硬背难以将这些知识贯通在一起。因此，我们只有将所理解和记住的各个单项内容联系起来反复思考，全面理解，才有利于提高记忆的速度与质量。

⑤学以致用。

致用，就是把我们所记住的知识运用到实际中去。只有对知识进行"运用、分析、评价、创造"的循环往复，才能使所学知识不断巩固。检验所学知识是否理解的标准有二：一是能够用语言和文字解释，二是灵活运用于实际。比如，一个数学公式，仅仅记住是不够的，还要能在具体题目中运用；一首古诗中的名句，仅仅能默写出来也是不够的，还应该能够准确理解并恰当引用才算真正掌握了。

3. 预习记忆法

　　预习既是对课堂学习的准备，也是一种非常重要的记忆方法。

　　《现代汉语词典》对"预习"的解释是："预先自学将要听讲的功课。"即在上课前阅读将要学习的课程，了解其梗概，做到心中有数，以便掌握听课的主动权。预习是独立学习的尝试。对学习内容能否正确理解，能否把握其重点、关键，以及能否洞察隐含的思想方法等，都能及时在听课中得到检验、加强或矫正。因此，预习有利于提高学习能力及养成自学习惯，是教学中的重要一环。

　　预习适用于各个学科。比如，数学具有很强的逻辑性和连贯性，新知识往往建立在旧知识的基础上。因此，预习时就要找出学习新知识所需的旧知识，并进行回忆或重新温习。一旦发现旧知识掌握得不够扎实，甚至难以理解时，就要及时查漏补缺，克服因没有掌握或遗忘造成的学习障碍，为顺利学习新内容创造良好的条件。除此之外，在预习过程中还应该了解新知识的基本内容，提前知道课堂上要讲些什么内容，要解决什么问题，应采取什么方法，重难点在哪里等。

我们在预习时，可以采用边阅读、边思考、边书写的形式，把内容的要点、层次、内在联系画出来或标上记号，遇到不懂的地方或问题，应特意批注，以待课堂上解决。在时间的安排上，预习通常安排在复习和作业之后进行，其详细要求则根据当时的情况灵活掌握。如果时间允许，可以多思考一些问题，钻研得深入一些，甚至可尝试做练习题；反之则少思考一些问题，其余的可留到课堂上解决。

以语文为例，以下是预习的任务及方法。

（1）阅读

浏览教材，了解教材的大概内容和知识框架，以及阅读单元内容说明、课文前面的阅读提示或自读提示、课文的注释以及课后部分。按《语文课程标准》的要求，在开始具体的单元学习前，先要了解该单元读写训练的要求，通读每篇课文，初步了解每篇课文的异同点。预习课文时，课前提示和课后练习都是辅助我们理解课文内容的绝佳资料，因此我们一定不要忽视其作用。通过阅读和浏览，我们就对整个单元和单篇课文有了初步印象和了解，有利于日后对课文进行纵深的阅读理解。

另外，不同文体的文章，它们的阅读要求也各不相同。比如记叙文的阅读，要求我们必须做到从整体上感知文章内容，理清文章的结构脉络，把握作者所要表达的情感，并感受文章的语言特色。而议论文和说明文的阅读要求则与之不同，阅读时必须先理解相关的文体知识，才能精准地把握文章内容和艺术特色。

（2）查阅

通过查阅工具书，解决字词问题，扫清阅读障碍。在新课文中，一般都会存在一些不认识的字、未见过的词和不理解的语句。因此在预习课文的时候，我们可以先将这些问题用笔画出来。如果书上有注释，那么阅读时可以对照注释，查明它的意思；如果书上没有注释，就要查阅工具书来解决问题，尤其是那些模糊的字词和似懂非懂的句子。

例如，"其中似乎确凿只有一些野草"（鲁迅《从百草园到三味书屋》），"似乎"与"确凿"用在一起看似矛盾，而作者为什么要将它们放在一起呢？对此我们可以在句子旁打上问号，在课堂上带着问题听讲，就会理解得更透彻。再比如，"而我们居然站在这儿，站在这双线道的马路边，这无疑是一种堕落"（张晓风《行道树》）中的"堕落"一词，如果没有深入理解课文内容，则很难理解这个词。这时我们可以通过工具书去理解它的本义及引申义等，在阅读时结合语境进行理解，若还不能理解，则上课时就应有所侧重地听老师讲解。

（3）思考

找出本课的难点和重点，并根据提示、课文及习题进行思考。例如，提示的内容能否真正理解，文章的主题概括、层次划分、段意归纳、句子理解、手法分析等问题能否解决，课后习题能否解答等。我们阅读课文时，可以带着问题（课文后面的练习题）阅读，如课文中有答案就直接找出来，并做必要的批注。同时也可以将你认为写得比较好或有疑问的地方做上记号。比如，不懂之处可用"?"、重点之处可用"!"等进行标注。这样，当老师讲解课文的时候，你就容易找到重点。比如，预习都德的《最后一课》时，可以把描写老师语言、表情、动作、服饰的句子画出来，另外描写小弗郎士心理活动的句子也画出来，预先进行学习和思考，再经过老师的讲解，则能够取得事半功倍的效果。

（4）**笔记**

对重点问题和自己不理解的问题用笔画出或记入预习笔记。在前面几个环节中，我们要做好笔记。"不动笔墨不读书"，正是强调动笔对读书的重要意义。实践证明，做笔记对语文预习具有良好的效果。做预习笔记有多种形式，可直接在书上做标记、眉批、尾批等，也可准备专门的预习笔记本做笔记。

※记忆知识
世界记忆力锦标赛中记忆大师的评判标准

世界记忆力锦标赛是由"世界记忆之父"东尼·博赞于1991年发起、由世界记忆运动理事会组织的世界最高级别的记忆力赛事，每年都有来自世界各地几十个国家的众多选手参赛。

竞赛项目与规则：

①5分钟随机数字速记：5分钟内尽可能地准确记住更多的数字。有两次重试机会。

②1小时马拉松数字。1小时内尽可能记住更多的随机数字，在120分钟内回忆。

③听记数字。有限的时间内尽量多地回忆之前听见的数字。第一次100秒听记100个数字，5分钟回忆；第二次200秒听记200个数字，10分钟回忆；第三次300秒听记300个数字，15分钟回忆。

④二进制数字。30分钟内记住大量的二进制数字，该项目提供100位二进制数字供参赛者记忆。

⑤随机单词记忆。在15分钟内尽可能多地记住那些随机单词，随后用30分钟准确地回忆这些单词。

⑥虚拟事件和日期。5分钟内记忆大量虚拟的事件和日期，并在15分钟内尽可能多地把从数字形式表现的虚拟事件与实际的历史事件相对应。

⑦笼统图形。15分钟内记忆大量的笼统图形。

⑧15分钟99组人名与头像：15分钟内正确记住图片所对应的姓、名及拼写，包括花色和数字。

⑨扑克牌速记。2分钟内准确记住1副扑克牌的顺序，随后在120分钟内回忆出这些扑克牌的顺序。

⑩马拉松扑克牌。60分钟内记忆多副扑克牌。

评判标准：

"世界记忆大师"奖在世界记忆力锦标赛上是一个举足轻重的奖项，也代表了获奖者在记忆技巧和应用方面的突出表现。世界记忆运动理事会对"世界记忆大师"奖有严格的评判标准，代表了世界记忆力锦标赛组委会对获奖者记忆水平的最高评价，参赛者必须同时达到3个项目的效果规范才可以被授予"世界记忆大师"称号。例如：

①"马拉松扑克牌"的效果达到1小时内记住10副（520张）以上扑克牌。

②"马拉松数字"的效果达到1小时内记住1 000个以上数字。

③"扑克牌速记"的效果达到2分钟之内记住1副扑克牌的排列顺序。

4. 及时复习记忆法

复习在记忆中占有很重要的地位。心理学家曾做过这样的实验：让 3 组学生熟记一首诗，第一组隔 1 天复习，第二组隔 3 天复习，第三组隔 6 天复习。为达到熟记的统一程度，第一组学生平均需要复习 4 次，第二组学生平均需要复习 6 次，第三组学生平均需要复习 7 次。由此可见，勤于复习对记忆的积极作用。复习记忆是通过将头脑中搜集到的信息进行加工整理，从而确定各种事情的相互联系。这种联系在头脑中重复的次数越多，记忆的痕迹就越深刻，记忆也就越牢固。

艾宾浩斯遗忘规律表明，在学习之后几分钟内，所学的内容基本上可以回想起来。而在学习后的 20 分钟，就会遗忘 43%；24 小时之内，则会遗忘 76%。因而，我们只有及时复习才能提高记忆的质量并减缓遗忘的速度。

俄国教育家乌申斯基提醒世人，在记忆时，应当及时"加固建筑"，而不要事倍功半地"修补已倒塌了的建筑"。

（1）及时复习记忆法的实施要领

①初次复习应在一部分知识学完或老师讲完后立即进行。

常言道：趁热打铁。此刻快速跟进、及时复习，其效果最为理想。因为此时大脑中还能大体浮现所学的内容，但脑中所储存的信息也不甚稳定，只要有其他新旧信息干扰，就会被冲得杂乱无章，消失殆尽。因此，我们必须对这部分稍纵即逝的信息进行整理加固，并与之前的信息联系起来，将其稳定地储存于脑海中。我们如果在学完较长时间后才去复习，就不得不花费大量时间重新熟悉已经遗忘的知识，导致复习效率降低。课堂上老师讲完课，所留的复习时间可能仅有几分钟，但不要小看这不起眼的几分钟，只要善加利用，其效果可能胜过课后的几十分钟。许多学生课上不做笔记，课后不及时复习，其学习效率可想而知。

②再次复习一般在 24 小时内完成。

复习的形式可以有很多种，如看书、看笔记、做相关习题等。但有一种做法不可取，那就是以直接做题代替温习知识点，不肯对相关知识的原理、概念及应用进行全面完整的复习。如果长期忽视及时复习，很容易造成知识的缺漏，难以确保所学知识的系统性、完整性。

③尝试回忆法是及时复习最适宜的方法。

所谓尝试回忆，就是不依赖书本、笔记，先在脑中将所学内容或老师所讲内容回忆一遍，再利用笔记、资料将不清晰或困难的部分进行合理的复习。

（2）掌握并运用及时复习记忆法的优点

①能及时检查听课效果，提高听课质量。

我们往往在听课时觉得自己听懂了，而实际上未必真正理解、掌握了。及时复习可以巩固听课的效果，并检验自己是否真正掌握了课堂内容。如果检验结果不佳，就可以及时端正听课态度，改善学习质量。

②有利于养成积极思考的习惯，提高记忆效率。

记忆是在不断地查漏补缺中加以巩固的，也是在长期与遗忘做斗争的过程中变得强大而深刻的。及时复习就等于把大脑中"贮存"的知识"提取"出来。而每"提取"一回，就能使知识强化巩固一遍。这样就可以使大脑始终处于积累与思考的模式，思维始终处于积极运转的状态，提高记忆的效率及质量，让学习变得主动而轻松。

③可以明确复习的正确方向，避免平均使用力量。

在学习过程中，虽然也需时常温习已经理解和掌握的内容，但我们应该将更多的精力放到一知半解或一窍不通的地方，如此才能及时解决学习中存在的困难和障碍，避免没有重点地平均用力。一些学生学习效率不高，就是因为未能及时复习，因而对自己的长短优劣缺乏准确的了解，以至于错失了及时补救的良机。

④能增强看书和整理笔记的针对性，对于克服做事缺乏计划性、主动性的毛病大有裨益。

及时复习是积极求战、主动出击，既能赢得学习上的主动，也能培养积极进取、不畏困难的优良品质。这样既有利于我们学业的进步，也有利于在做人做事上负重致远、赢得成功。

5. 复述记忆法

复述记忆法是把识记材料变成自己的话讲出来，用以强化记忆的方法。如果我们真正掌握了一项内容，并且做好了整理，是可以按照整理好的顺序讲下来的，而根本不需要死记硬背。

复述是有前提条件的。首先，要将注意力集中到识记材料上来。只有集中注意力，大脑才能加深对识记材料的印象。其次，想要自我复述记忆材料，理解也必不可少。因为复述时要把书面语言变成自己的语言，如果不能理解就无法准确复述，也就不能形成深刻的记忆。因此，仅靠死记硬背是不够的，还需要反复琢磨、认真理解。

复述能力可以从小抓起，从生活中的点滴着手。比如，为了训练儿童的记忆力，父母每次带孩子去商店、公园、博物馆或朋友家，回家后都可以要求其叙述所见所闻。久而久之，孩子就会养成善于观察和集中注意力的习惯，从而具备良好的记忆力。

复述并非原封不动地照搬识记材料，而是通过思维回放，将其转化成自己的话，以达到快速理解和记忆的目的。

（1）复述记忆法的类型

①对文章内容及线索的复述。语文、外语等学科常用此法。对一篇课文的内容和情节线索等方面，复述者必须做到心中有数，以求避免大的缺失或遗漏。

②对重点词语或段落的复述。此法在文科中运用较多，主要考查学生对重点概念、关键字词的理解力与记忆力。

③对重点概念及公式定理的复述。此法在理科中运用较多。比如，能否将数理化中的公式、定理准确地复述出来，也可以作为检验一个人记忆力强弱的标准。

维尼弗雷特是个"神童"，她非凡的记忆力就是用自我复述方法训练出来的。她的母亲（美国著名早教专家 M. S. 斯特娜）经常与她一起玩一种类似于自我复述的游戏——"留神看"。每当路过商店的橱窗，她的母亲总要让她在橱窗前看一会儿，之后就让她说出橱窗里有哪些商品，如果她说的比母亲记的少，就算输。由于经常不断地训练，5 岁时维尼弗雷特就能把美国著名的军歌《共和国战歌》的歌词一字不差地复述出来。

在课堂上，复述记忆法也大有用武之地。比如，一节课上完后，可以让学生复述课堂所学内容；一道数学题的解题过程擦掉后，可以让学生现场复原。这种做法类似于棋手的复盘，对加深记忆有显著的效果。复述的目的在于对材料的初步保持和记忆，但这一过程绝不是静止不变的，其间记忆信息必然会因主客观的各种变化而发生相应的改变，复述也是再认或再现的过程，应该说是对记忆内容的一种使用和检阅。

（2）复述记忆法运用的具体方法或步骤

①梳理，即分条划块，摘录复述材料的内容梗概，并提取关

键字；

②串接，在脑中对记忆材料或故事的前因后果、人事关系做粗线条概括和连接；

③还原，根据梗概和关键字尽可能地还原记忆材料；

④创造逻辑，适当添加必要信息，删减次要信息，力求复述得相对完整、生动，并在原文的基础上有所发挥。

6. 传授记忆法

《礼记·学记》云："学然后知不足，教然后知困。"意思是说，学习之后，才知道自己的缺点；教学以后，才知道自己的知识贫乏。我们在教授别人之前，必然要先了解所教内容，做到心中有数；而在教别人的过程中，对相关知识的理解必然会更进一层，在大脑中的记忆也更加深刻。这种通过传授知识来增强自身记忆力的方法，就是传授记忆法。

传授记忆法的关键点在于记忆的重复与对知识理解的不断加深。以前很多学校的政、史、地老师都不是科班出身，而是教语文或数学等其他学科的，因此他们只能边教边学、边学边教。一段时间下来，他们大多成了称职的政、史、地老师。其中的原因就是初中课程的内容并不深奥，只是需要记忆的东西较多，而不断传授的过程，无疑是巩固记忆与加深理解的绝佳机会。

这种传授记忆法，也适用于中学生对学科知识的理解与记忆。其要领如下：

(1) 学生自愿结对，寻找合作伙伴，建立临时"师生"关系

学习需要伙伴，同学之间搭建临时的"师生"关系，可以给同学们营造一种全新的学习环境，留下更为深刻持久的记忆痕迹。在这一过程中，不仅可以激发"老师"的自学兴趣，同时也可以激发其内驱力，而"学生"也可以在听讲中加深记忆，获得提高。

(2) 明确学习任务，"老师"落实"备课"，"学生"落实预习

有任务、有要求、有计划，才能令"教学"活动不流于肤浅的游戏，确保效率与质量。对于所教内容及方法，"老师"必须做好充分的准备，必须备好课。同时，"学生"也要对课堂内容进行充分的预习，对难点、疑点有初步的把握。

(3) "师生"之间要有充分的互动，有提问，有解答

通过"备课"，"老师"会对新的学习内容产生深入的了解；通过授课，又加深了对新知识的理解与记忆。此外，仅有一边倒的传授是不够的，虽然能使"老师"受益，但课堂不会活跃，知识留下的印记也不会深刻。因此，课堂上既要有提问也要有解答。可以是"老师"提问，"学生"回答；也可以是"学生"提问，"老师"回答。这样，一个知识点在大脑里翻来覆去地过上几遍，想不记住也难。

(4) "师生"的角色应随时转换，可以一对一，也可以一对多

传授记忆法中的"师生"关系是临时性的，也是多形态的：既可以是一对一的小范围互动，也可以是一对多的大范围互动，视具体情况而定。为了使更多的同学在传授过程中提升记忆力，小范围的互动应该是首选形式。

(5) 动口动手相结合，"老师"有"教案"，"学生"有笔记

教一遍胜过自己学十遍，这是许多人的经验。"老师"既要

动口讲述，也要动手书写（板书）；而"学生"的手也不能闲着，要记笔记。全方位的记忆，绝对胜过单一的记忆。

（6）教师全程参与，对学科知识的重点、难点予以提示

对于学生课堂上的"师生"互动，教师不能只当观众，也要积极参与其中。比如对学科的重点、难点知识予以点拨，对同学间讨论问题时产生的分歧予以仲裁，对他们的表现予以评价等。

传授记忆法不局限于课堂上，也可以在课下运用。

7. 冥想记忆法

冥想是瑜伽运动中最具特色的一项技法，是实现入定的途径。

神经学家发现，长期的冥想练习可以增加神经元的同步激发，以及增加注射疫苗之后血液中的抗体浓度。此外，它还可以提升你集中注意力、管理压力、自我控制和自我认识的能力。

冥想记忆法的要义在于通过对精神的放松达到入定的境界，以便将注意力完全集中到所要记忆的对象上来。实践证明，冥想记忆法尤其适合语言词汇的记忆，如外语单词的记忆。

冥想记忆法可以做如下细分。

（1）闭眼冥想法

闭眼冥想法，就是闭上眼睛，隔断外界的视觉刺激，根据已有材料回忆或巩固记忆。当人们回忆不起过往的事物时，常说"闭上眼睛想一想"，采取的就是这种方法。闭上眼睛可以隔断外界的视觉刺激，可以使人们的精力在不受干扰的情况下集中起来。这种精力的集中，对记忆有着意想不到的效果，可以使曾经接受的刺激表象显现出来。比如，当你见到一位面熟的人，却一时想不起在哪里见过，这时通过闭目凝思，很可能再现与他（她）接触时的情景。

在记忆新材料时，我们可以闭上眼睛，在黑暗中创设一个画面，并与所记内容联系起来，如此就会因精力集中和自己独特的联想把记忆对象深深地印在脑海里。这样我们在回忆时，一闭上眼睛就能使记忆对象及创设的画面一同浮现在眼前。

（2）记忆冥想结合法

背单词时，可以使单词在一定的冥想情境中呈现，便于理解记忆。把抽象概念的词放在冥想语言中，能够使对词的理解具体化。如学习 eye 和 tree 时，仔细观察，就很容易将眼睛（e）与鼻子（y）的位置对应起来，或把"tr"看成树干和树枝，把"ee"看成树叶。观察完后，闭上眼睛，并用适合的冥想词去想象相应的物品，再与这个单词对应起来。这样既能激发学习的兴趣又能加深记忆。有时也可将单词编成儿歌或小韵文来帮助自我冥想，如"苹果 apple 圆圆的脸，西红柿 tomato 酸又甜，草莓 strawberry瓜子脸，香蕉 banana 月儿弯"。

（3）联系愉快经历法

联系愉快经历法，是把所要记忆的事物同自己的愉快经历联系起来以增强记忆的方法。这种方法一般用来记忆某些枯燥的内容，是利用联想在记忆中的作用来增强趣味性的记忆方法。

心理学家弗洛伊德认为，如果以极其痛苦的心情来记忆，记忆不久就会被打入潜意识的冷宫；如果联系愉快的经历，则既可以提高记忆的兴趣，又可以通过对愉快经历的回忆联想起记忆的内容，加深印象。例如，记忆生物知识时，联系假日到野外旅游时接触各种动植物的愉快情形；记忆关于大海的描写时，联系在海滨避暑的美好享受；记忆人名时，联系和他（她）在一起的趣事等，都会取得较好的记忆效果。

8. 重点记忆法

重点记忆法就是在记忆过程中对记忆材料加以选择取舍，集中精力记忆重点部分的记忆方法。

英国小说家阿瑟·柯南·道尔在《血字的研究》中写道："人的脑子本来像一间空空的阁楼，应该有选择地把家具装进去，只有傻瓜才会把他碰到的各种各样的破烂杂碎一股脑儿装进去。这样一来，那些有用的知识反而被挤了出去，或者，最多不过是和许多其他的东西掺杂在一起。因此，取用的时候也就感到困难了。"

无独有偶，我国当代语言学家吕叔湘也曾说："我们各门学科都有一些基本的知识要记住，基本公式、规律要记住，这是不错的；但是，不是所有的七零八碎的烦琐的东西都要记住。书上都写着在哪里，到时候你去查一查就行了。"

我们在学习时并不需要把全部内容都记住，事实上，也不可能全都记住。因此，同学们要学会记忆重点内容，在此基础上，再通过推导、联想等方法便可记住其他内容。比如，学习常见的数量关系时，我们会接触到一系列公式，如"工作效率×工作时间＝工作量""工作量÷工作效率＝工作时间""工作量÷工作时间＝工作效率"。这时我们只需记住第一个数量关系，后面两个就可根据乘除法的关系推导出来。这样去记，既减轻了记忆的负担，也提高了记忆的效率。

在记忆过程中，你也许会发现自己并不是按顺序进行记忆的，往往是先记住其中一段，也许是第一段，也许是中间段，然后再记住更多的，直到全部记住为止。其中的原因就是记忆具有自动选择的机能，它往往根据自身的兴趣来选择要记的重点。

因此，重点记忆法也可以称为选择记忆法，即选择记忆材料中那些你觉得有意义且容易记住的部分进行记忆。其要义如下：

①在阅读教材或教辅时，将重要部分与材料的其他部分加以区分，优先记忆重要部分。比如，概念定义、公式定理等内容。

②先用纸盖住你认为难以记忆的内容，通过读余下的内容，尝试猜想被遮盖的部分是什么。若实在猜不出，可以挪开纸看一下，反复几次，便记住了。

③无论是何种形态的记忆材料，其中总有你感兴趣或觉得重要的部分，把这部分作为重点加以记忆，并通过重点延伸至其他部分。这也是一种事半功倍的记忆方法，因为感兴趣的东西总是令人难忘的。

④重点记忆法中的"重点"不等于知识中的重点、难点，而应该是记忆材料中易于取得成效、容易举一反三或以点带面的知识点。

当然，抓住重点记忆并非忽略其他内容，而是说在抓住重点之后，再记其他内容就比较容易了。例如，导致秦末农民起义的原因可概括为"税重、役多、法酷"，只要牢记重点，便抓住了整个事件的来龙去脉。

重点记忆法强调的是有的放矢，讲求的是成效，最忌盲目记忆、徒耗精力。比如，中小学生阅读《水浒传》《西游记》《三国演义》《红楼梦》等古典名著时，应果断跳过其中艰深的部分，将重点放在生动精彩的人物刻画与情节描述上。

苏联作家巴乌斯托夫斯基说："记忆，好像是一个神话里的筛子，筛去垃圾，却保留了金沙。"事实正是如此，运用重点记忆法可以帮助你收获真正的金沙。

9. 位置记忆法

位置记忆法是一种传统的记忆术。这种记忆术曾在古代的脱稿讲演中被广泛运用，并沿用至今。我们在使用位置记忆法时，可先在头脑中创建一幅熟悉的场景，在其中确定一条明确的路线，在路上确定一些特定的点，然后将要记忆的内容全部视觉化，并按顺序同这条路线上的各个点联系起来。回忆时，也可按这些点提取所记的内容。下面我们不妨做一次小小的尝试。

想象从学校宿舍到商店的路，路上有书店、邮局、招待所、水房和舞厅。现在要记的内容为奶粉、黄油、面包、啤酒、香蕉，在所记内容和特点、位置之间可以进行以下联想：书店里到处都飘着奶粉，沾满了所有书本；在邮局里人们都在用黄油贴邮票；招待所里所有的沙发全是面包做的；水房里的水龙头流出冰冰凉的啤酒；舞厅里，一串香蕉正翩翩起舞。这种联想越奇特越好。回忆时，只需按路线上的各个特点及位置进行即可。

世界记忆力锦标赛著名选手库克在记忆全副扑克牌时，常把每张牌与人物、动作和对象联系起来。比如，他把黑桃七想象成歌唱组合"命运之子"，动作是在暴风雨中挣扎，对象为一条小船。梅花王后则被想象成他的朋友亨利·埃塔，动作是用手提包猛拍，对象是装满衣服的柜子。接着他把每张牌对应的想象场景串联成一条熟悉的思路，就像穿过酒吧大厅一样。一旦需要回忆，他只要进行一次思维漫步，每个场景就会轻而易举地转换成一幅幅画面。

早在公元前447年，古希腊诗人西摩尼得斯就使用过这种记忆法。在一次宫廷宴会上，屋顶突然坍塌，除西摩尼得斯得以幸存外，其他客人全部遇难，且尸体血肉模糊，无法辨认。但他凭着出色的记忆力，闭眼回忆出席上每个人的名字。而这正是他充分利用大脑形象记忆和空间记忆能力的结果。

※记忆知识

认知神经科学的发展史

脑的认知功能包括知觉、注意、记忆、语言和思维以及智能和意识等心理功能。记忆联结了我们的过去和现在，也奠定了我们在这个世界生存和交流的基础。

人们对有关大脑记忆痕迹的研究经历了一个神奇而曲折的过程，虽然对大脑如何产生记忆还有无数个谜团尚未解开，但对记忆与大脑生理机制密切关联这一事实已得到确认。认知神经科学在实验研究中积累了丰富的成果，解答了哲学家思索了上千年的问题。从柏拉图到笛卡尔与大卫·休谟，从康德到弗洛伊德，再到今天基于分子水平的认知神经科学专家，随着科学对记忆的进一步研究发现，记忆的关键作用不仅体现为维持个人身份的持续性，而且体现在文化传播、社会演变和延续的过程中。实证科学的发现解答了许多困扰了我们上千年的形而上学的问题。

1952 年，DNA 双螺旋结构的发现标志着现代分子生物学的兴起。DNA 是大多数生物的遗传物质，是规则的双螺旋结构。通过分析单个细胞的基因和蛋白活动，分子生物学把之前互相孤立的进化论、遗传学与细胞理论整合在一起，将曾经以描述为主的生物学转变为以遗传学和生物化学为基础的系统性科学。1953 年 4 月，英国的《自然》杂志刊登了沃森和克里克在英国剑桥大学合作的研究成果：DNA 双螺旋结构的分子模型，这一成果被誉为 20 世纪以来生物学方面最伟大的发现，标志着分子生物学的诞生。

20 世纪 60 年代，心理哲学、行为主义心理学（研究实验动物的简单行为）、认知心理学（研究人类复杂的心理现象）融合成为现代认知心理学。这门新学科试图从对老鼠、猴子及人类的研究中，发现复杂的心理加工的共同生物基础。后来，研究对象扩展到更为简单的无脊椎动物，如蜗牛、蜜蜂和苍蝇。重点研究的行为范围从无脊椎动物的简单反射延伸到高级的人类心理加工。

20 世纪 70 年代，认知心理学（心理科学）与神经科学（脑科学）开始结合，产生了认知神经科学。借助于新出现的 PET、MRI 等脑成像技术，人类得以窥探大脑这个黑箱。

20 世纪 80 年代，认知神经科学与分子生物学结合，形成认知分子生物学，在分子和细胞水平研究思维、感觉、学习和记忆等心理加工过程。

认知神经科学认为：

①人类的身体是从动物祖先进化而来的，人类的大脑以及负责最高级的心理加工的特殊分子，也是进化的结果。

②脑和心理是一回事，都源自同一个器官——大脑，而心脏是没有思维的（心想是指大脑思考），只是一个由肌肉组成的血液循环系统中具有泵血功能的器官。

③意识是一个生物范畴（从这一意义上说，它是物质的），神经细胞群的相互作用而形成的分子传导信号通路是意识的基础。

研究结果显示，不仅多种神经递质及其受体是必不可少的神经信息传递环节，而且细胞膜的离子通道特性和细胞内信号传导系统，甚至细胞核内的基因调节蛋白，都是学习和记忆的重要分子生物学基础。

10. 限时记忆法

限时记忆法又称快速记忆法。其方法是依据内容的难易度，规定相应的时间，让学生在这一时间内完成记忆。大脑进入限时记忆状态时就会自动摆出"背水一战"的阵势——头脑各种机能的精力，通力合作完成记忆目标，这时记忆效果极好。其基本步骤为：在记忆各种对象的时候，首先让学生确定记忆的目标，在规定的时间内完成记忆，然后由老师或学生本人来检查记忆的效果。在此基础上，教师可以通过本人的方法，让学生将限时记忆转化为永久记忆，这样不仅可以增强学生的兴趣，而且能大大提高学习效率。

限时记忆是所有记忆的基础，它所用的时间极短，因此对记忆者的状态要求更高。由于人的大脑有一定的惰性，常常会对习以为常的事物熟视无睹或反应迟钝。限时记忆要求在预定时间内完成一定的记忆任务，能给我们带来紧迫感，同时振奋精神，头脑也迅速进入活跃兴奋状态。紧迫的环境能催生人的智慧，正所谓"急中生智"。人的记忆力也是一种特殊的智慧，在适度的压力下，记忆力会变得更强，而这正是限时记忆法的要义。

以自习课为例，一节课下来，同学甲"收获"颇丰，记住了

18个英语单词，还做了两道物理题；同学乙只记住了4个单词，根本没有时间做物理题。为什么"收获"相差如此大？这是因为甲上自习前就"命令"自己：一定要把18个英语单词记住！因此，他精力特别集中，时间也把握得很紧，于是收获很大。在这个过程中，他自觉或不自觉地运用了限时记忆法。

（1）限时记忆法的优点

①有强烈主动记忆的意识。

像上文中同学甲那样，脑子里不时回想着给自己下达的"命令"，并且信心十足地完成它，就不会产生类似"反正不着急，等考试前再说"的想法。

②增强专注力、创造力，提高单位时间的利用率，缩短学习与记忆的时间。

不给单位时间限定任务，记忆时大脑就可能难以及时进入状态，本来10分钟就能记住的内容，硬是拖到几十分钟，日久天长，就会养成浪费时间的坏习惯。

从表面上看，限时记忆具有强迫性，但如处理得当，自身自觉性又强，反而能调动学习、记忆的积极性。当然，限时也要限得合理，不然的话，要不就沾沾自喜导致收效不大，要不就灰心丧气导致失去信心。

（2）限时记忆法的具体运用

①用于快速记忆训练。

如果漫无目的地去背一首诗，记一个公式，或许大半天都未必有效果。但如果规定在几分钟内记下来，记忆者就会全神贯注、心无旁骛，也许轻而易举就记住了。比如，在3分钟内，背诵圆周率小数点后30位数字；在5分钟内背诵10个英语单词等。

②用于课堂记忆训练。

教师每讲完一节课后，应该对课堂内容进行小结。可以先空出几分钟时间让学生回忆一下新学的知识，随后让学生用自己的语言概括课堂内容，以此检验他们的概括力与记忆力。

③用于考前记忆训练。

中小学每学期都有期中、期末考试，有些学校还有月考、周考等阶段性考试。考试之前，是学生训练、提高记忆力，巩固已学知识的大好时机。学生可以利用自习课等时间，背诵或记忆学科知识。这种记忆训练既要规定内容又要限制时间，并且最好当堂进行检查与评价。

※记忆知识

大脑记忆力的几个冷知识

1. 并不存在被定格的记忆

大脑存储记忆是动态的，就像一篇不断编辑的记叙文。很多人认为有些事件的细节会像照片一样留存在他们的脑海中。其实大约有60%的人在一年之后仍记得很多细节（更像电影活动画面），但3年后，这一比例降至50%，这说明"闪光灯式记忆"并不比其他类型的记忆更准确。

2. 为何人有似曾相识的感觉

现代科学研究发现，人们在疲惫和压力状态下很容易出现这种感觉，它还可能会与"jamais vu"（见到熟悉的事物或文字却一时什么都回忆不起来的感觉）相伴出现，心理学家还指出，"似曾相识"感的出现可能是因为人们接收到太多的信息而没有注意到信息的来源，熟悉感可能来源于记忆的各种渠道，很有可能是一种特定的气味或感觉触动了大脑深处一些相关的、处于休眠状态的记忆。

3. 压力会挤占记忆空间

加利福尼亚大学欧文分校的研究人员发现，持续几个小时的短时间压力就可以损害大脑中与学习和记忆有关区域脑细胞的沟通。与控制组相比，连续4天接受高剂量应激激素皮质醇（与压力有关的激素）的参与者，在回忆测试中表现较差。因为当你受到压力时，体内就会产生皮质醇，它会杀死海马状突起里的脑细胞。但压力对于记忆是把双刃剑，是正能量还是负能量，取决于皮质醇水平。当压力较小时，较低的皮质醇含量会激活其中一种受体，这种受体的功能有助记忆；而当压力持续很大时，增多的皮质醇含量超出了这种受体的接受范围，开始激活另一种受体，而第二种受体的作用则会挤占记忆空间。

4. 说话突然"卡壳"并非记忆力下降

我们都曾有过这样的感觉：话到嘴边又忘了要说什么。研究表明，所用词汇的频率、熟悉度等多种因素会发生复杂的相互作用，最终将影响一个人说话的速度。随着年龄的增长，大脑快速存取信息的能力开始下降，而它已获取的信息越积累越多。不过，储存信息的大脑细胞并没有死亡，只是被激活的速度放慢了，因此这并不意味着记忆力下降。

5. 大脑爱打盹

大脑很善于忙里偷闲，有的人即使坐着两眼睁着，大脑也想休息（表现为发呆）。因为大脑集中精力持续工作的时间一般在30～45分钟，片刻的休憩，能让大脑恢复精力。

6. 情绪会影响记忆力

有时我们越想记住却越会忘记，结果搞得情绪低落、心烦气躁，努力很久，却什么都没记住。

比如，见证过犯罪现场的人，在回忆的时候会有完全不同的场景。心理专家解释说，这可能是因为目击者的记忆被自身的恐惧感左右。人在恐惧的时候会产生一种对自身的保护机制，从而会影响原本的记忆编码。因此，想要保护大脑的记忆功能，就要保持心情舒畅，避免各种不良情绪。

7. 在某些方面，大脑功能会随着年龄的增长而改善

健康人的大脑一般会从 20 多岁开始部分萎缩。这种萎缩不是丧失神经元，而是神经元的大小和联系发生改变，导致认知能力的差异。但人们对"晶态智力"的研究表明，"晶态智力"在人的成长阶段都处于稳定上升的趋势，直到六七十岁时才达到峰值。尽管年轻人的大脑处理速度更快，但老年人可以凭借丰富的人生阅历走捷径。

8. 有氧锻炼可提高记忆力

有氧运动是指人体在氧气充分供应的情况下进行的体育锻炼，这有助于心脏更有效地输出血液，也就有更多的血液输送到大脑部位，促进了新的毛细血管和大脑细胞的生长。有氧运动是增强大脑活力的重要手段。

9. 为何有时脑子里出现一片空白

很多人在突然发生应急事件时精神一时出现混乱状态，容易造成大脑感觉和记忆一片空白，有时还会全身"定住"动不了。这种情况从生理医学上讲，与短暂性脑缺血有关；从心理学上讲，是因强刺激造成大脑高度紧张，神经元细胞相互暂时"失联"所致。

第五章
好记性不如烂笔头——记忆诀窍之二

　　古人有一条重要的治学经验："好记性不如烂笔头"，说明做读书笔记帮助记忆的重要性。清代著名史学家、文学家章学诚在《文史通义》中说："札记之功，必不可少；如不札记，则无穷妙绪，皆如雨珠落大海矣！"这个形象的比喻告诉我们，如果读书不动手，那么书籍中蕴集的雨露，就可能不被人们吸收并滋润智慧的心田，而像落入人们思维之外的茫茫大海中，瞬间便无影无踪了。因此，做读书笔记对人们的帮助是很大的。

1. 卡片记忆法

　　卡片记忆法就是把准备记忆的内容写在卡片上，放置在比较显眼的地方，以便记忆的一种方法。书桌、床头、墙壁、门窗都可以作为卡片的"栖身之所"。我们只需在闲暇时多看几眼，便能在不经意间将知识点记住。慢慢积累，一定可以积累很多。我们还可以随身携带这些卡片，利用零散时间随时进行记忆，记忆就会变得很轻松了。这一方法省时省力，记住一张卡片上的内容就换另一张，坚持一段时间之后，我们就会发现自己已经在不经意间记住了很多平时记不住也懒于记的重点、难点知识。

　　不过，卡片记忆法虽说便于操作，但如何制作卡片却有一定的讲究，尤其要注意以下具体环节：

　　①每张卡片最好只写一个知识点，或者一张卡片记录同一类型的问题。这样不但灵活，而且不会显得杂乱，整理起来也很方便，还可以避免知识点的混淆。

　　②每张卡片上的重点、难点一定要标明来源，如书名、作者、版本等，以便于查找和检索。

　　③随着记忆的知识点不断增多，学习能力也会提高，卡片积累

也就越来越多。这时一定不要将旧卡片丢掉，而应该分门别类地整理起来，编上号码，写出标题，一是便于日后查阅，二是如果发现与之前相关的、有代表性的问题，可以随时添加上去，不断完善自身的知识系统。

当然，这种方法也有缺陷，就是卡片上的知识点往往较为零碎、混乱。因此，对已经记住的卡片一定要及时整理，进行准确详细的分类，确保在需要某一个知识点时，能够信手拈来。

要达到这一目的，最有效的方法是：

首先，把相关类别的卡片贴在同一个笔记本上；然后，制作一个知识体系图表，对卡片进行分类，使这些零碎的知识点变得系统、有条理。

卡片记忆法是战胜懒惰与遗忘的利器。用卡片记忆不会占用大块时间，能够让你在不知不觉中提升记忆量。卡片记忆法适用于那些内容不多、比较零散的材料，尤其对学习语言词汇效果显著。

很多知识渊博的人都有用卡片做笔记的习惯。法国著名科幻小说家儒勒·凡尔纳去世后，人们发现他亲手摘录的卡片有 25 000张、笔记几百本。

卡片记忆法在日常生活中也大有用场。

相传宋代词人李清照的丈夫在太学做学生时，夫妻二人经常去相国寺买碑帖、水果。二人回家后边欣赏碑帖边吃水果；有时一边饮茶，一边校勘不同版本。通过这种近似娱乐性的活动，让记忆变得轻松灵活。

卡片记忆法还可用于军事或刑侦，比如伊拉克战争中美军首创的"扑克牌通缉令"，即个人识别扑克牌（personality identification playing cards）。美军占领伊拉克后，为了尽快抓捕 52 名逃亡的伊拉克高官，专门设计了绘有人像的扑克牌，用以帮助军队识别。截至 2005 年 2 月，"扑克牌通缉令"中的 52 名高官已有 46 人被捕或被杀。"扑克牌通缉令"正是利用了卡片记忆的优势。该创意既不是出自专业情报人员，也不是哪家知名广告公司，而是出自一名叫斯普林斯顿的年轻印刷工人。此后，各国警方纷纷效仿。

2. 图表、思维导图记忆法

图表记忆法，即对复杂的学习材料通过制作图表由繁化简的记忆方法。如果通过筛选提炼、归纳整理，将有规律可循的分散杂乱的文字或数据转录成图表，则易于记忆系统接受，而且不容易遗忘。例如，历史年代不好记，我们就可以通过自制的历史年代表来帮助记忆。图表记忆法之所以有效，是因为要制作图表，必须先在脑中对材料进行反复的思考加工，经过整理后自然会在脑中留下深刻的印象。通过制作图表可以把复杂的内容简单化、条理化，让人一目了然，易于记忆。

图表在我们的工作和学习中被广泛采用。例如，《化学元素周期表》《我国历史朝代年表》等，简明扼要，看起来一目了然。

美国学者哈拉里说："千言万语不及一张图。"在众多感觉中，视觉发展最为迅速。人们处理或整理眼睛所看到的信息可促进理解与记忆。因此，绘制一些简易图表，便成为提高记忆力的捷径之一。例如，想要记忆京广线经过的主要城市，可以先对照铁路线路图，识记几遍，加深印象以后若要背出这些城市的名称，脑海中就会自然浮现出铁路线路图，依图按序背出不易遗漏。

利用图表能简明地揭示事物间的关系，便于我们理解和系统地掌握知识。但只看一张简易图表是远远不够的，因为图表简化、省略了大量信息。图表的作用是把隐含信息引导出来，就是说这些隐含信息才是真正的重点。有的人企图靠看一张"历史复习表"就去参加考试，这种想法显然是不可取的。

绘制记忆思维导图是现今图表记忆最高效的方法之一，很多学科在学习过程中都会运用到记忆思维导图。思维导图主要包括词汇、结构、图形、色彩、逻辑、数字、图像等元素。思维导图创始人东尼·博赞说，它"是一种新的思维模式，它结合了全脑的概念，包括左脑的逻辑、顺序、条例、文字、数字，以及右脑的图像、想象、颜色、空间、整体等"。任何进入大脑的信息都可以成为一个思考中心（核心问题、课题），并由此向外发散出无数条分支，每个分支都与中心相联结，而且每一个联结又可以成为另一个思考中心，再向下无限延伸，在某种程度上，大脑思维呈现一个发散性网状或树状图像。思维导图比简易图表的信息含量更大，有时候，用粗笔写字或用彩笔画图，可以产生立体效果。若能创作并表现出自己独特的记号，那么，从这个记号诞生时起，记忆就已经开始发挥作用了。

下面是周敦颐《爱莲说》一文的结构图，文章的层次、内容及情感脉络经此图呈现，可谓一目了然。

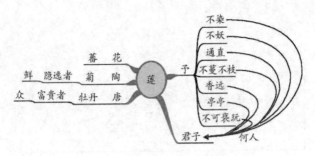

图 5.1　《爱莲说》结构图

※记忆故事

中国古代哪些人记忆力最强?

古籍中最早提到的拥有惊人记忆力的当数汉代学者伏胜。孔子拿《尚书》作为教科书教学生,是儒家"六艺"之一。但在秦代,不知怎么《尚书》失传了。汉文帝即位后,苦求《尚书》而不得。他听说济南邹平有一名叫伏胜的人,人称伏老先生,曾当过秦朝的博士,能记住《尚书》的内容,于是命大臣晁错前往邹平索求。伏老先生那时已经90多岁了,晁错见到他时他走路都很困难。但伏老先生得知晁错的来意后很高兴,竟一连背诵出《尚书》中的28篇文章。晁错用当时通行的隶书记录下来,编辑成册,这便是传于后世的"今文尚书"28篇。古人都说,倘若没有伏胜,《尚书》也就失传了。人们不仅为他渊博的知识所折服,也为他惊人的记忆力而惊叹。

汉末著名学者蔡邕有个女儿，名叫蔡文姬。她跟父亲一样，不仅博学有才、妙于音律，而且记忆力超乎常人。她通读了其父蔡邕生前藏书4000多卷，其中很多文章都能倒背如流。只可惜，在东汉末年的战乱中，这些书散失了，蔡文姬被掳入南匈奴，嫁左贤王。后曹操平定北方，将蔡文姬赎回，并在邺城的宫殿里接见她。当他们谈到蔡邕那些珍贵书籍的散失时，曹操深表惋惜，但蔡文姬却说："书虽然没有了，内容我却还能记得很清楚。"随后，她凭记忆默写出400多篇。可见蔡文姬的记忆力之强。

明代洪武年间，有一个关于"背书"的趣事。御史大夫景清，借了朋友一本书，说好次日归还。可第二天早上，那位朋友向景清要书时，景清却说："我不知道什么书，也没有借你的书。"朋友见景清要赖，很生气，官司打到祭酒大人那里。对簿公堂时，景清拿着所借的书，对祭酒大人说："这是我灯下辛苦所学之书。"说完，景清把书从头至尾背诵一遍。祭酒大人让书的主人背诵时，他却一句也背不出来。这样，祭酒大人便把书判给了景清。出了衙门，景清把书还给朋友，并抱歉地说："你平时十分爱秘本，但却不读，所以和你开个玩笑。"

在历朝历代，像伏胜、蔡文姬、景清这样的记忆高手还有很多。明末清初思想家顾炎武能把约64万字的十三经全部背出；清初浙江的文人周鼎，将一首二百韵的《南征诗》读了一遍，就能从诗的末句倒背到第一句，沈雁冰（茅盾）能背《红楼梦》；钱钟书在清华大学上学时，号称"横扫清华图书馆"，连无名的意大利作家的作品都能倒背如流。

古人背书运用的传统方法也是最有效的学习方法，今人在感叹的同时，也大可借鉴过来，多阅读并背诵一些经典，不仅可以学到知识，而且可以考验一下自己的记忆力。

3. 改错记忆法

改错记忆法，就是通过改正识记材料中的错误之处来加深记忆的方法。

改错往往不是识记材料本身有错误，而是记忆者的识记有误。所以改错记忆法更确切的定义应当是从自己或他人的错误中吸取教训，在此过程中将知识点准确记忆的方法。例如，一个学生在一次朗诵时把"逝世"读成"折世"，立刻引来哄堂大笑，并因此获得了"折世先生"的绰号。出错之后，他痛下决心提高语文水平，不久便取得了突破性的进步，终于摘掉了"折世先生"的帽子。这就是说，通过改错记住了正确的知识，不仅可以弥补过失，而且能使记忆更为深刻，相信他一辈子都不会再把"逝"与"折"混淆了。古训说"吃一堑，长一智"，正是这个道理。

识记错误很多人都会犯。古罗马的菲得洛斯曾说："朱庇特让我们背上两个袋子，一个放在背后，里面装满了自己的错误；另一个放在胸前，里面装满了别人的错误。"意思是说，发现别人的错误容易，发现自己的错误则比较难。这是因为人的记忆容易产生先入为主的定式，因此改错记忆法要求我们对错误进行认真的分析和思考，深挖错误的根源，这样才能加深对正确知识的理解和记忆。

那么，如何通过改错来强化记忆呢？

首先要深挖根源。造成错误的原因主要有三点：一是自己的识记错误或行为，二是他人不自觉的记忆错误或行为，三是他人故意设置的记忆错误或行为。有一位语文教师在教一篇课文时，故意将课文读错两三处，让学生指出并改正。第二天让学生试着回忆这篇课文时，学生记得最清楚的就是那几处读错后改正过来的部分。实践证明，教学时改错、考试或练习时出改错题、工作时定期总结经验教训、比赛后及时找差距等，对于认知和回忆正确的知识、信息大有裨益。

其次要重视错误，有错必改。爱迪生曾说："失败也是我需要的，它和成功一样对我有价值。只有在我知道一切做不好的方法以后，我才能知道做好一件工作的方法是什么。"因此，我们一定要认真对待每一个错误，不能忽略。改正一个错误的记忆，往往要比记忆新知识困难得多，所以要及时改正，决不姑息。一旦姑息，错误信息就会在你的大脑中扎根。

下面让我们来看一下中学生运用改错记忆法的具体方法：

①准备各学科改错本，将日常作业或测验中产生的错误记录下来，反复钻研，直到不再出现同类错误为止。

②单元检测、期中考试、期末考试的试卷不可丢弃，要认真装订成册。试卷中的错题，要用红笔一一改正，定期进行复习。

③在语文、外语等教学活动中，要经常采取背诵、默写、听写等检查形式。每次检测后，让学生自己纠错，或者让学生互相纠错，以此来加深记忆，快速提升记忆能力，使学生的基础知识更加扎实。

4. 批注记忆法

批注记忆法就是在阅读时，对文本内容的疑难点或精妙处加以注解或画上符号提示，或是将自己的见解、质疑和心得写在书中的空白处，以此加深记忆的方法。

中学生学习的知识庞杂，记忆内容多，尤其是文科类，彼此之间联系不太紧密，容易给记忆带来困难。因此，在阅读学习一些较长的文章时，如果能对文章的内容、层次、思想情感、表现手法、语言特点、精彩片段、重点语句等方面，在思考、分析、比较归纳的基础上，随手用线条符号或简洁的文字加以标记，这样就能保持积极的思维状态，对于记忆十分有益。

批注记忆法在我国具有悠久传统，我国古代有不少学者都曾对他人的文章进行过批注。四书五经都有批注本，四大名著也有不少人批注，如金圣叹评点《水浒传》，毛宗岗评点《三国演义》等。毛泽东更是不动笔墨不看书的典范。在他读过的书中，重要的地方都有圈、杠、点等符号，在书眉和空白处还写着批语。

革命导师列宁不仅酷爱读书，而且喜欢在书的空白处随手写下丰富的评论、注释及心得体会，有时还在书的封面上标出最值得注意的观点或材料。列宁把做批注视为一种创造性劳动，态度非常认真，从不马虎草率。他写批注的过程，可谓是与书的作者探讨甚至激烈争论的过程。每当读到精辟处，他就批上"非常重要""机智灵活""妙不可言"等；读到谬误处，就批上"废话！""莫名其妙！"等；有的地方则干脆写上"哦，哦！""嗯，是吗?!""哈哈！""原来如此！"等。其读书入神之态，跃然纸上。更有价值的是，列宁的重要著作《哲学笔记》就是由读哲学书籍时所写的批注和笔记汇编而成的。列宁读书的速度和理解的深度异常惊人。有一次，一位老布尔什维克见列宁捧着一本很厚的外文书在快速翻阅，便问他要把一首诗背下来需要读多少遍，列宁回答说：只要读两遍就可以了。列宁之所以拥有如此强的记忆力，除了专心致志之外，与他经常对书进行批注是分不开的。

批注记忆法对中学生的学习作用非常大。认真写批注，可以促使自己在读书时开动脑筋，认真钻研，把握书的主要内容，也可以督促自己动手做笔录，记下某些感受、某个思想火花。日后重温此书时，还可进行比较，看看当初的认识是否正确。这是一种有效的读书方法，也是行之有效的记忆方法。

(1) 使用批注记忆法的注意事项

①课堂上听教师讲课时，可以把教师所讲授的重点知识批注在课本的相应位置，以备课后复习时理解、回忆。

②阅读叙事类或说明类文章时，可以对文章的线索以批注形式加以梳理，使条理清晰，有利于对全文的理解。需要注意的是，这类批注要紧扣过渡或衔接的关键字词句。

③阅读议论性文章时，对文章的精彩部分或关键部分予以批

注、评点，这样既能加深对文章的理解，也能加深对文章内容的记忆。这类批注要紧扣关键句，既可以概括分析，又可以发表观点。

④批注必须精要，一字千金。

⑤批注可使用铅笔或彩笔，最好不用与文本文字同色的笔，以免产生视觉上的混乱。

（2）批注记忆法最大的优点是随心所欲、不拘一格

通过批注记忆法，批注者能够及时准确地把自己读书的印象、感觉、观点用简洁的文字表达出来，并且将批注与被批注的文章结合成一个整体，也为下次阅读提供了很好的依据，可以不断加深、完善对文章的理解。眉批、夹注是我国传统的批注方法。

①眉批：是指图书正文上端的白边，在书眉上批注读书心得、批语、订误、音注等。原指写在直行书本的眉头的批语。也可写在旁侧，亦名"旁批"。

②夹注：即批注在正文中间。

（3）可自定义符号意义

我们在做批注时，可以根据个人喜好赋予符号意义。比如，在标注词句时，不能理解的用横线，认为用得好的用框框；关键语句用波浪线；有疑问的地方，用括号再加问号；用双竖线和单竖线划分文章层次等。批注记忆法还有一个优点就是成本低，只需动手画上几个符号，就可在头脑里留下深刻的印记。

（4）批注记忆法适用于所有学科的学习

中学生学习所有科目都应坚持记笔记，有些重点要点需要写在专门的笔记本上，有些则可以批注在教科书的空白处，以便随时翻阅，反复琢磨。

5. 抄写记忆法

动手抄写识记材料，提高记忆效果的方法叫抄写记忆法。

我们自古以来就有"眼过千遍不如手过一遍"的说法，对中学生来说，抄写是简单有效的记忆法。明代学者宋濂的《送东阳马生序》是我们耳熟能详的名篇，其中作者家贫买不起书只好借书抄录后学习的故事，相信不少人仍记忆犹新。抄写虽然辛苦，但也可以取得良好的记忆效果。

著名革命教育家徐特立有一段治学名言："买书不如借书，读书不如抄书，全抄不如摘抄。"抄写有助于记忆。那么，怎样抄写才能奏效呢？

（1）反复全抄原文，直到能默写

全抄，即把识记材料一字不落地记录下来。这种方法适用于短文、诗词等篇幅较短的文章。第一遍抄录全文，理解其意；第二遍每句摘几个字，达到通过这几个字就能回忆起全句的程度；第三遍只抄句首一两个字，最终做到仅凭这一两个字便忆起全句。这样反复抄几次，越抄越少，越记越牢。每抄一遍，都要及时掌握记忆的速度，直到能默写为止。在紧张的考试复习阶段，此法尤为有效。

（2）摘抄

摘抄，即将书本中重要的段落或词句记录下来，比如主要观点、名言警句、概念定律或科学数据等。为了提高记忆的准确度和速度，我们在阅读时可以把上述内容摘抄下来，时时诵读、揣摩，加深记忆。

使用摘抄记忆法，应该注意以下几点：

①摘抄是学习的过程，也是记忆的过程，所以摘抄过程中要聚精会神、心无旁骛。

②摘抄的时候要边抄边理解，每抄写一段，就应停下来回顾和记忆一遍。抄完之后，还要时不时地翻出来温习一下，这样才能达到理解和记忆的目的。

③摘抄记忆法可以和卡片记忆法、批注记忆法结合运用。几种方法齐头并进，综合提升记忆效果。

④摘抄教材或教辅读物中的重点内容时，可以选段照抄，也可以略加精简后抄录。

⑤摘抄与背诵相结合。此种方法适用于文科学习，尤其有利于对古代诗歌、文言文名篇等内容的理解与记忆。

⑥摘抄书本中的精彩语段或关键语句时，可以在字体大小或颜色上加以区别，从而加深对重点内容的印象，便于以后的复习记忆。

※记忆故事

抄书故事三则

路温舒是西汉时期有名的司法官。他幼年时家里非常贫穷，靠替人放羊才能勉强填饱肚子，维持生计。但他很有志向，非常热爱读书，家里买不起书，他就经常从别人那里借书来看。可借阅的书总是要归还的，这样很不方便。路温舒常想：要是能有一册书带在身边，一边放羊一边读书，那该多好啊。

有一天，他赶着羊群来到一个池塘边，看见那一丛丛又宽又长的蒲草，灵机一动：这蒲草这么宽，不是正好可以替代那抄书用的竹木简或绢布吗？这样就可以在上面写字、抄书了。这样的书，既不像绢书那么昂贵，也没有简书那么笨重，放羊时还可以带着阅读。

于是，他采了几大捆蒲草背回家，连饭都顾不上吃，就开始自己"造书"。他把蒲草切成和竹木简同样长短，编连起来。然后向人家借了书，抄写在加工过的蒲草上，做成一册一册的书。有了蒲草书，路温舒就不愁没有书读了。他每次去放羊，身边都带着这种书，一边放羊一边读书。他用这种办法抄了不少书，并将每本书的内容都熟背下来，从中获得了很多知识。后来，路温舒靠自学成了一个有学问的人，并成为朝廷的法制改革重臣。

北宋苏东坡的诗词很多人都很熟悉，那么对于苏东坡抄书的故事你知道多少呢？

　　据说，舒州人朱载上任黄州教授的时候，一天他兴致勃勃地去拜访被贬谪为团练使（有名无权的官衔）的苏东坡。过了好一会儿，苏东坡才急急地走出来。朱载上走近问道："先生在忙什么呢？"苏东坡答道："在抄《汉书》呀。"朱载上不解地问道："像您这样名扬四海的文豪还用得着抄书吗？"苏东坡说："我抄《汉书》已有三遍了。第一遍，抄开头三字；第二遍，抄开头二字；第三遍，抄开头一字就可以了。"朱载上感到很新奇，又躬身施礼道："您能将您所抄的东西让我看看吗？"苏东坡就命仆人从书桌上取来一册递给朱载上，但朱载上左看右看，却怎么都看不明白。苏东坡便解释说："你念一个字，让我背给你听吧。"朱载上随口念了一个字，苏东坡略一沉吟，便逐字逐句地背出了数百句，并且全无错字漏字。连试数次，次次如此。见朱载上一脸疑惑，苏东坡解释说："我抄书的特殊效果就在于抄一、二、三字作为提示，背书时便可滔滔不绝。"

　　明末清初思想家顾炎武的童年非常不幸，天花差点夺走他的性命。顾炎武虽然体弱多病，但是他在母亲的教导和鼓励下，依然没有放弃读书。他6岁启蒙，10岁开始读史书、文学名著。11岁那年，他的祖父蠡源公要求他读完《资治通鉴》，并告诫说："现在有的人图省事，只浏览一下《纲目》之类的书便以为万事大吉了，我认为这是不足取的。"这番话使顾炎武领悟到，读书做学问是件老老实实的事，半点也马虎不得，必须认真、忠实地对待它。后来顾炎武勤奋治学，采取了一套"自督读书"的措施：首先，他给自己规定每天必须读完的卷数。其次，他限定自己每天读完后把所读的书抄写一遍，他通读完《资治通鉴》后，一部书就变成了两部书。再次，要求自己每读一本书都要做笔记，写下心得体会。他的一部分读书笔记，后来汇成了著名的《日知录》一书。最后，他在每年春秋两季，都要温习前半年读过的书籍，边默诵，边请人朗读，发现差异，立刻查对。他还有"三读"读书法，即"复读法""抄读法""游戏法"。他规定每天这样温习200页，温习不完决不休息。他把阅读和复习交叉进行，有效地增强了记忆力。

6. 三色标记忆法

三色标记忆法是采用红、黄、绿三种颜色标记以区分记忆材料难度的记忆方法。

我们读书学习的过程中，难免会遇到困难或障碍。但是，困难或障碍是存在一定差异的，有的稍加努力便可以克服，有的则需要花费很大的精力，有的除了自己努力之外，还需要借助外部力量。如果对这些困难不加分别地平均使用力量，是难以取得成效的。如果根据对象的具体情况、难易程度，有的放矢地使用力量，就可能事半功倍。三色标记忆法的要义就在于此。

一般学习材料都用黑色字体印刷，除了个别重要部分用粗体字或重点号标明外，其余部分颜色都一样，很难区分哪儿是重点，哪儿是难点，哪儿容易记，哪儿不容易记。如果学生用彩色笔做标记，将这些内容加以区别，就能明确重点记忆的范围，从而提高记忆效率。

三色标记忆法的一般步骤是：

①初次复习时，将已经记住的部分用绿色做标记。

②再次复习时，将记忆不清、容易模糊的部分用黄色做标

记；将不易记忆的重点部分用红色做标记。

③最后复习时，一般情况下，只需集中精力记忆红色标记的部分即可；如有剩余时间，再看黄色部分；而绿色部分，则只需大致浏览一遍即可。

运用这种方法时，切忌将颜色用得太多和不统一。至于标记的形式，可以用括号、直线、重点号等。

三色标记忆法又称"区别难度记忆法"，这一称谓似乎更能体现其目的和意义。任何事物都是有区别才能突出，突出才能引起注意。区分难度后，我们就可以根据难易程度安排精力，这样在复习时就能够抓住重点，攻坚克难，取得理想的记忆效果。

三色标记忆法既适用于教材或教辅的阅读，也适用于考试后试卷的改错与分析。对于考试中出现的错误可用红、黄两色加以标记。对于因为马虎而造成的错误，可以用黄色标记，这类错误今后只需稍加注意即可避免；而对于因能力有限而导致的错误，则以红色标注，甚至还可以打上几个大大的惊叹号。

第六章
让记忆变成快乐的事——记忆诀窍之三

心理学实践证明，记忆形象的物体比记忆抽象的概念效果要好，而且形象越生动，记忆效果越好。形象记忆是人脑中最能在深层次起作用的，也是最积极、最有潜力的一种记忆法，是目前最合乎人类右脑运作模式的记忆法。

1. 形象记忆法

形象记忆法是指借助事物的形象进行记忆的方法，是对事物的形状、体积、质地、颜色、声音、气味等具体形象的识记、保持和重现。

俗话说"百闻不如一见"，意思是听到的不如见到的真实可靠。这句话中蕴含的道理是：直观形象的事物给人的印象更深刻。从这个角度来讲，形象记忆拥有难以替代的优势。形象记忆具有以下特点。

①形象记忆法是人脑中最能在深层次发挥作用，也是最积极、最具潜力的一种记忆法，也是目前最合乎人类右脑运作模式的记忆法。

②形象记忆法具有显著的直观性和鲜明性。人最初的记忆都是从形象记忆开始的，6个月左右的婴儿就能表现出形象记忆能力，如能辨认母亲和熟人的面貌。

③右脑记忆的简单原理是，"记忆就是一个东西和另一个东西之间的联结"。因此，训练形象记忆力的关键是将抽象词语转化成具体图像并进行联结，使之成为形象记忆。

我们在记忆时应尽量发挥形象记忆的优势，以直观形象的方式，使那些艰深抽象的知识形象化，使枯燥、困难的记忆过程变得简单有趣。具体方法有如下几种。

（1）形象模型

形象模型就是用图形、标本、模型等工具使事物具体化，进而帮助记忆，常用于地理、生物、化学、历史等教学之中。

下面是一位地理教师总结出的一套形象模型教学方法，很有借鉴意义。

①物体形象法

物体形象法就是以自然界具体实物的轮廓或形象来描述对象的轮廓特征，借以加深印象。如地理课上我们可以这样描述中国行政区划图：四川像蝴蝶，贵州像叶子，广西像猫头，云南像孔雀……

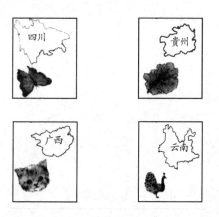

图 6.1　物体形象法举例

②图形形象法

图形形象法就是以各种几何图形描述对象的轮廓特征，借以加深印象。如在世界地图中，欧洲像平行四边形，亚洲像不规则菱形，非洲像三角形加半圆形，澳大利亚像五边形，南、北美洲都像直角三角形，格陵兰岛像小三角形等。

③数字形象法

数字形象法就是用数字描述对象的轮廓特征，借以加深记忆。如在世界地图中，多哥像"1"，越南像"3"，朝鲜像"5"，索马里像"7"，日本九州像"9"等。

(2) 绘画记忆法

众所周知，人的大脑对于图片的处理速度要比文字快很多，如果我们把一些枯燥无味的且需要记忆的长篇语句用漫画的方式展现出来，可以很好地辅助记忆。

比如，下面一段文字看起来较为枯燥，但画出简笔画来展现，就可以过目不忘。

建立良好人际关系的基本原则有以下5点：一、平等待人原则。平等待人是建立良好人际关系的基础，也是人际交往中最基本的原则。二、诚实守信原则。真诚待人被认为是人际交往中最有价值最重要的原则。三、宽容谦逊原则。宽容谦逊有利于消除人际关系中的紧张与矛盾，为社会所接纳，也有助于扩大交往空间。四、尊重理解原则。尊重是人际交往的礼仪之本、待人之道。五、互助互利原则。双方互相关心，互相帮助，互相支持，互相理解。

我们来看这段文字，重点非常清晰，我们可以将这 5 句话画出来："平等"，画一个天平；"守信"，画一个信封；"宽容"，写艺术字"宽"；"尊重"，画两个小人在鞠躬；"互助"，画一个小人拉车，另一个小人推车。画完之后，这段文字的重点已经完全进入脑海了，想忘也忘不掉。

（3）形象比喻

将抽象事物图像化后，还需要用生动的语言描述，发挥想象力，让画面活起来、动起来，有形有影、有声有色，全方位、立体化地展示出来。比如，核外电子的排布规律是，能量低的电子通常在离核较近的地方出现，能量高的电子通常在离核较远的地方出现。这个问题比较抽象，一时难以理解。如果我们把地球比作原子核，把大雁、老鹰等大型飞禽比作能量高的电子，把麻雀、燕子等小型飞禽比作能量低的电子。通常大型飞禽飞得很高，而小型飞禽则飞得很低。这样既有趣又好记。再如，讲热量与内能这两个物理量时，常有学生分不清二者的区别。这时我们就可以借助形象比喻：内能是状态量，热量是过程量，热量的概念是指热传递过程中物体内能增加或减少的数量，一旦热传递停止，热量就失去了存在的意义。因此，我们可以这样比喻：水滴从云层落入湖中，降落过程中称之为雨，而落入湖里后，这种降落过程结束，就不能再称之为雨。所以，我们不能说下雨后湖中的雨增加了多少，只能说湖中的水增加了多少。

形象记忆还能够激发大脑的想象力。在生活中，我们一定要善于发现，多动脑筋，多利用一些"巧思"和联想。而这些都是你自己的"记忆小秘密"，不必担心别人能否明白，你自己能理解就足够了。

2. 小插曲记忆法

小插曲记忆法，是利用与记忆对象相关的插曲，以增加趣味、提高兴趣、增强记忆的方法。由于这些小插曲奇特有趣，令人难忘，因此把记忆对象和有关插曲联系起来记忆的方法，是十分有效的。

例如，一位英语老师在上课时，发现很多学生无精打采，于是对他们说："potato 和 tomato 这两个单词长这么像，我都不知道该怎么来区分和记忆它们了。"说着她还做了一个期待别人帮助的小动作。原本昏昏欲睡的学生们一听要帮助老师，个个精神大振，纷纷举手。这时，老师高兴地发现平时根本不回答问题的两个学生也举手了，于是点名让他们回答。一个学生说："老师，tomato 最前面两个字母和最后面两个字母是对称的。"另一个学生说："老师，你可以先记 tomato，然后把 t 换成 p，把 m 换成 t，这样的话 potato 也记牢了。"老师听了，很为学生们的学习热情和智慧而高兴，真诚地说："Thank you, boys and girls."学生以这个插曲为媒介，意外地收到很好的记忆效果。

运用小插曲记忆法应注意以下几个关键点：

①小插曲是为了帮助记忆，插曲内容要与记忆内容有所联系；

②小插曲可以是预设的，也可以是随机的，但都要把握好时机，恰到好处地进入主题；

③每种记忆方法都有其特点或长处，关键是让记忆者保持对未知世界的浓厚兴趣和学习热情，舍得在记忆上花时间、动脑筋。

3. 口诀记忆法

口诀记忆法也称歌谣记忆法，就是把记忆内容根据其特点编成歌谣、顺口溜来记忆的方法。这种方法可以减少记忆材料的绝对数量，将记忆材料分组记忆，加大信息密集度，增强趣味性。口诀记忆法不但可以减轻大脑负担，而且记得牢，能避免遗忘。

口诀记忆法运用广泛，中小学几乎每门功课都可以用得上。比如：

化学课中氢气还原氧化铜的步骤口诀：先通氢，后点灯，操作顺序要记清；黑色变红把灯撤，试管冷却再停氢；先点后通要爆炸，先停后撤要氧化。

数学课中有理数的加法运算：同号相加一边倒；异号相加"大"减"小"，符号跟着大的跑。

数学课中平行某轴的直线：平行某轴的直线，点的坐标有讲究，直线平行 x 轴，纵坐标相等横不同；直线平行于 y 轴，点的横坐标仍照旧。

历史课中的中国历史朝代：盘古三皇五帝更，夏商周（西周、东周）秦两汉（西汉、东汉）成，三国两晋（西晋、东晋）

南北（南北朝），隋唐五代宋（辽、金）元明清。

战国七雄的名称和方位：齐楚秦燕赵魏韩，东南西北到中央。

编口诀的最终目的是帮助记忆，因此要掌握以下要点。

（1）口诀要紧扣材料内容

比如二十四节气，每个节气间隔半个月，要想全部记下来，不是件容易的事。《二十四节气歌》全面准确地概括了二十四节气的内容，假以歌谣的形式，记起来就容易多了：

春雨惊春清谷天，夏满芒夏暑相连，秋处露秋寒霜降，冬雪雪冬小大寒。

（2）口诀的用语要简短精要

口诀要通俗易懂，字句不能长短不齐，否则会增加记忆的难度。比如，数学中的三角诱导公式可概括成两句口诀："奇变偶不变，符号看象限。"短短10个字概括了几十个三角诱导公式的共同特点。要是把这些三角诱导公式的具体情况全都说一遍，就不容易记忆了。

（3）口诀应句式整齐，朗朗上口，最好押韵

诗歌比散文更容易背诵的主要原因在于诗歌句式整齐、声韵和谐、朗朗上口。我国古代和近代启蒙读物，很多都是整齐的韵文或歌谣，如《三字经》《增广贤文》《幼学琼林》等深受大众喜爱。

（4）口诀最好让记忆者自己动手编写

自创的内容更容易在大脑中留下深刻的印象，利于记忆。很多需要记忆的内容，前人已经帮我们编好了口诀或歌谣，但我们记忆起来仍然觉得有些困难。原因是这些口诀并非你的原创，而是他人所编。如果是你自己编的口诀，记忆起来肯定会容易很多。

口诀编好了，有关知识基本也就记住了。口诀每句的字数没有限制，只要押韵、便于诵记即可。例如文言文翻译方法，按照"换、留、增、删、调"的五字经，可以归纳出《文言翻译歌诀》：

熟读全文，领会文意；扣住词语，进行翻译。字字落实，准确第一；单音词语，双音换替。国年官地，保留不译；遇有省略，补充词语。调整词序，删去无义；修辞用典，辅以意译。推断词义，前后联系；字词句篇，连成一气。带回原文，检查仔细；通达完美，翻译完毕。

当然，口诀编排得再好，仍需要时时诵读、日日研习。只有将诵读与体悟相结合，才能记忆牢固，感悟深刻，运用自如。

4. 谐音记忆法

谐音记忆法，是通过相近或相同的读音把识记内容与已掌握的内容联系起来记忆的方法。更具体地讲，在记忆过程中，把零散、枯燥、无意义的识记材料处理成新奇有趣、富有意义的谐音语句，就是"谐音记忆法"。

（1）谐音记忆法范例

①用谐音记数字。毫无关联的数字，记忆起来比较困难，如圆周率，但利用谐音的办法可以大大提高效率。据说有一天，有位老师想上山与友人对饮，临走时，布置学生背圆周率，要求他们背到小数点后 22 位（3.1415926535897932384626）。大多数同学半天都背不下来，十分苦恼。这时有个学生突发奇想，把老师上山喝酒的事结合圆周率数字的谐音编成了一段顺口溜："山巅一寺一壶酒，尔乐苦煞吾，把酒吃，酒杀尔，杀不死，乐尔乐。"待老师喝酒回来，同学们个个背得滚瓜烂熟。这便是谐音记忆法的妙用。

②用谐音记忆历史年代与事件。李渊于 618 年建立唐朝，可记作：李渊见糖（建唐）搂一把（618）。

③用谐音记忆物理知识。气体的摩尔体积为 22.4 升/摩尔，可记作"二二得四"，"得"与"点"谐音。电功的公式 $W = UIt$，则可记作"大不了，又挨踢"。

④用谐音记忆化学知识。在氧化—还原反应中，氧化剂与还原剂的判断可记作"杨家将"，即"氧价降"，意为氧化剂中的元素化合价降低；反之，还原剂中的元素化合价升高。

⑤用谐音记忆地理知识。通常是把要记忆的地理知识通过谐音组合到一块，再通过联想组成有特殊意义的文字。比如，地理书上讲："拉丁美洲的国家有洪都拉斯、巴拿马、哥斯达黎加、尼加拉瓜、萨尔瓦多、瓜地马拉（现译危地马拉）。"如果我们把各国的首字圈出，就成了"洪巴哥尼萨瓜"。如果我们借助谐音，就可以念成"红八哥你傻瓜"。

⑥用谐音记忆古诗。如龚自珍的《己亥杂诗》："浩荡离愁白日斜，吟鞭东指即天涯。落红不是无情物，化作春泥更护花。"同样，用"头字＋谐音"法，可记作："龚自珍好吟落花。"

（2）运用谐音记忆法要点

①谐音最好自己来编。

谐音要自己编才能运用自如。我国地方方言甚多，对于别人编的谐音，理解起来多少会有些困难，必须琢磨一阵才能明白。而且，别人是在熟练运用与浓厚兴趣的基础上编出的谐音，其他人则缺乏相应的经验。这种经验是在对生活的观察，尤其是对词语中相似读音的发现中积累起来的。我们在经历长久的"兴趣谐音"训练后，也会对"谐音"日渐敏锐，运用起来也能自成章法，这时我们就可以自己编谐音了。谐音可以用普通话，也可以用方言，读音大致接近即可。

②谐音后的文字要生动有趣。

英语单词的学习用了谐音联想提示，就会记得快。

一切谐音编记见不见效，关键在于能否"创造一个强烈而生动的谐音联想"。我们要思考如何使谐音朗朗上口，如何生动有趣，甚至来点幽默。谐音后的这段文字，应比原文字更新奇有趣、富有意义。

谐音记忆法多是一种以右脑为主的学习方法，实用性和趣味性兼具，记起来也不那么辛苦。它既训练我们的联想能力，也训练我们的形象思维，更让我们领悟知识的"形象性"。谐音记忆既可以提高我们的自主学习能力和记忆力，也可以给我们的学习生活带来许多乐趣。

5. 游戏记忆法

游戏记忆法，就是把记忆当作游戏，在游戏中培养和发展记忆力。这类记忆游戏能够激发学生的学习兴趣和创造活力，并产生深刻的记忆效果，是培养学生记忆力的有效途径和方法。游戏记忆法最大的优势，就是可以充分激发学生自主学习的兴趣，从而积极投入其中。

我们在运用游戏记忆法时，不妨思考一下，游戏有什么特征？为什么能够吸引众人积极参加？可以说，大多游戏中都含有竞技、智慧、兴奋和快乐等元素。将这些游戏原则贯穿于学习之中，能够让学习变得更高效、更有趣。

认识并运用游戏记忆法，需要认真领会并遵守以下原则。

①要把游戏当作记忆的辅助剂和催化剂。

游戏记忆与一般游戏不同，其最终目的是传授知识。有效的游戏教学必须将相关知识点与游戏有机结合，最关键的是要找准结合点。

②学生最大的游戏是学习。

做游戏除了帮助学生记忆外，还可以培养他们的学习兴趣和热情，使孩子不再厌倦学习，而是像对待自己热爱的游戏一样对待学习，积极投入，取得好成绩。

学生的最大游戏是学习，游戏与学习是相通的。游戏源于生活，如人们要比智慧，就创造了象棋、围棋等益智类游戏。正是这类模拟游戏把人类生活中那些吸引人、鼓励人的特征集中表现出来。我们要善于寻找这些游戏的特征并加以利用。好的学生在玩游戏时，并不仅仅是娱乐放松，而是把它当作一件严肃认真的事情。同样，他们在学习时也可以像在做游戏一样，聚精会神，兴致盎然。

③用游戏的法则引导学生记忆。

泰格·尼格尔在其著作《游戏改变世界》中写道："所有的游戏都有四个决定性特征：目标、规则、反馈系统和自愿参与。目标指的是玩家努力达成的具体结果；规则为玩家如何实现目标做出限制；反馈系统告诉玩家距离实现目标还有多远；自愿参与则要求所有玩家都了解并愿意接受目标、规则和反馈。"他提到了游戏的四个核心要素，也是游戏的基本法则。老师、家长们需要开动脑筋，运用游戏法则来引导孩子学习。让他们懂得游戏是有规则的，也是有输赢的，而关键在于不服输。让孩子们在游戏化的学习过程中，不断探索、学习和改进，通过艰苦努力取得良好的学习效果。更重要的是，用游戏的方式培养孩子，还能找到提高孩子记忆力的奥秘。在此过程中，我们要用观察、描述、暗示、欣赏、夸奖、鼓励等方法来培养他们记忆方面的毅力。

※记忆故事

"记忆大师"被所有赌场禁入

他是世界上最令人惊奇的记忆大师，是被记忆训练的鼻祖东尼·博赞称为拥有"人类迄今为止开发得最为深入的大脑"的人；因记忆力超强，他被世界上所有的赌场列入黑名单，集体抵制他进入赌场。他就是多米尼克·奥布莱恩。

多米尼克于1957年8月生于英国。他在小时候被火车撞过，虽然没有性命之忧，但是头擦破了，所以他的家人一度以为他的大脑受到了损伤。他曾患有"注意缺陷障碍症"，阅读困难，阅读的时候感到每一个单词好像都从书本上跳出来一样，必须用手指着单词一个个地阅读，否则就很难阅读下去。老师让他不要用手指着单词来读书，结果他的阅读越发困难，理解力也比班上的同学差许多。

既然如此，多米尼克又是如何成为记忆大师的呢？

在他30岁的时候，偶然在电视上看到有人能在3分钟内记住52张扑克牌的顺序，觉得非常酷炫。从那时起，他才开始有意识地训练自己的记忆能力。他只用了短短几个星期就进步非凡，信心倍增。严格训练了一年后，他能在15分钟内轻松记住120位生面孔，叫出他们的名字。他还能记住54副扑克牌的顺序，除去牌中的大小王，共有2808张，他只花了4小时便记住了这些牌的排列顺序。有多大误差呢？吉尼斯世界纪录允许有0.5%的误差，也就是允许记错14张牌，但是这位记忆大师，仅仅记错了 8 张牌，成功刷新了吉尼斯世界纪录。

他出版了一本《我最想要的记忆魔法书》。他告诫人们说："人的大脑本就没有极限。"这位记忆大师的话，给所有想成为记忆大师的人以极大的信心。

6. 联想记忆法

联想记忆法是利用事物之间的某种联系通过联想进行记忆的方法。联想，就是当人脑接受某一刺激时，浮现出与该刺激有关的事物形象的心理过程。由于客观事物是相互联系的，各种知识也是相互联系的，因而联想是一种基本的思维形式。一般来说，互相接近的事物、相反的事物、相似的事物之间容易产生联想。记忆的一项主要机能就是在有关经验中建立联系，因此思维中的联想越活跃，经验的联系就越牢固，记忆也就越深刻。

（1）联想的类型

联想是有规律可循的，联想的规律有接近律、类似律、对比律、因果律等。从类型上看，联想可分为接近联想、相似联想、对比联想等。

①接近联想。

接近联想是根据两种以上的事物在时间或空间上的接近之处而建立起来的联想。

例如，我们有时会一下子想不起一个很熟的英语单词，虽然我们明明经常温习，连这个词在课本上的位置都能回忆起来。那这时我们就可以从这个词在书上什么地方开始想起，想想它前后分别是什么词，并建立它们之间的联系，由此及彼想起其他记忆材料并整理成一定顺序，这样就容易想起那个单词了。

再如，1911 年辛亥革命爆发，1921 年中国共产党成立，1931 年"九·一八"事变，1941 年"皖南事变"。在记忆这 4 件中国历史大事件时，如果先把它们按照时间顺序排列好，我们会发现它们两两相距的时间都是 10 年。因此，采用接近联想记忆法就是只要想起其中的任何一个，就可以立即由"十年"推想出其余 3 个来。

②相似联想。

相似联想是根据事物之间在性质、成因、规律等方面的类似之处而建立起来的联想。相似联想有助于我们发现事物的共性，强化记忆。

当一种事物和另一种事物相似时，我们往往会由这一事物引起对另一事物的联想。把记忆的材料与自己熟悉的事物联系起来，记忆效果会更好。

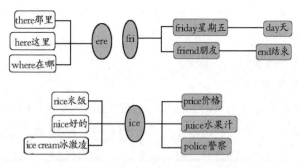

图 6.2　以联想记忆法记忆英语单词

比如由火柴想到打火机，由飞机想到旅游，由蜜蜂的辛勤酿蜜想到农民的辛劳耕作等。还有，我们在语文学习中，可以把宁静、肃静、静谧等都有安静这层含义的词语放在一起记忆。这些都属于相似联想。

③对比联想。

对比联想是根据事物之间具有明显对立性的特点而建立起来的联想。对比联想有助于我们比较事物间的差异，掌握各自的特性，增强记忆。

比如，地理课本中的气旋和反气旋知识，我们在记忆其气压分布状况、气流状况以及天气情况时，都可以运用对比联想法，只要记住气旋或反气旋中的一种，便可以相应地记住另外一种。

再有，许多诗词、对联是按照对仗的规律写的。比如，岳王庙中有这样一副对联："青山有幸埋忠骨，白铁无辜铸佞臣。"其中"有"和"无"是相反的，"埋忠骨"和"铸佞臣"也是相对的。我们只要记住上句，就可以通过对比联想回忆出下句。我们背律诗时，往往感到中间两联好背，原因正是律诗的规则是中间两联对仗。对仗常用对比或对照的手法，如"金沙水拍云崖暖，大渡桥横铁索寒"等。这些诗句中对仗之处很多，由前一句可以自然而然地想到后一句。

④聚散联想。

聚散联想是运用聚合思维对一定数量的知识通过联想按照一定的规律组合到一起，或运用发散思维对同一知识从多方面进行联想，包括聚合联想和发散联想，二者互为逆过程。运用聚散联想有助于在学习中举一反三，触类旁通，拓展思路，建立知识的"联想集团"。

例如，赤道的相关知识可以用发散思维从这些方面进行说明：地球上最长的纬线，纬度最低的纬线，距离南、北两极距离相同的纬线，南、北半球的分界线，南北纬度划分的起始线，地转偏向力为零的纬线，仰望北极星仰角为零的纬线等。反之，运用聚合思维可以说明以上所述纬线都是赤道。

⑤多重形象联想。

多重形象联想也称故事联想。就是把一些不相关的信息通过故事形式创建形象，形成有效连接，帮助记忆。

比如，你要上街买鞋子、眼药水、充电宝、香皂、鲜花，很可能还没到街上就忘了。这时你可以试着将它们编成故事情节：我穿着刚买的鞋子来到公司，点了两滴眼药水湿润眼睛，听到旁边同事们在讨论刚买的一个神奇充电宝，竟然可以当香皂用来洗手，还拥有让鲜花持久新鲜不枯萎等许多不可思议的功能……

（2）联想记忆应用原则

在科学家做的各种记忆实验中，那些富有想象力的人记忆能力明显高于其他人。利用联想发散思维帮助记忆，离不开想象力。想象时尽量遵循以下原则。

①想象必须具体、鲜明、生动。

在想象图像时，要有鲜明的颜色、动作，甚至要伴随声音，这样图像才能显得更加生动、难忘。只有每幅图像都具体、鲜明、生动，所串联出的画面才能生动，令人印象深刻，难以忘怀。

②想象要尽可能使用夸张手法，创意十足。

对记忆信息的想象，不但要鲜明、生动，而且最好能够尽量地夸张、荒诞。因为夸张、荒诞的画面或动作，往往容易让人产生深刻的印象，过目不忘。而那些平淡无奇的画面则比较容易被人忽视，快速遗忘。例如，对"勺子"和"咖啡"的联想，如果按照常规，可能会想象为"用勺子去舀咖啡"。然而这样的联想不够生动，因此难以产生好的记忆效果。如果想象为"勺子在咖啡中跳舞"，记忆效果会好得多。

③尽可能直接把两个图像联结在一起，避免出现过多无关内容。

信息之间的联结应尽量简洁，最好不要借助其他事物，而是将两个相连信息所代表的画面直接接触，这样就可以避免无关信息对记忆造成干扰。

7. 与物相连记忆法

与物相连记忆法是将识记材料与相关的事物结合，通过事物的形象或意义进行记忆的方法。具体而言，就是借助联想在记忆中的作用，把新内容与已经熟知的事物或其意义联系起来记忆，再通过事物及其含义回忆新内容的记忆方法。

与物相连记忆法主要有以下几种类型。

①借助实物形象，在脑海里加深所记内容。

这种方法与儿童看图识字的原理相同，教幼童识字，可以把"桌""椅""沙发""墙壁""窗台"等字词写在卡片上，贴在相应的物品上，看物识字，随见随记。这种方法也适用于中小学生识记英语单词。如记忆英文中的缀词时，可以在卡片上写出来，把有"……之上"意思的"super –""extra –"贴在天花板上，把有"……之下"意思的"sub –""under –"压在茶几的玻璃板下，前面的墙壁贴"per –""pro –""ante –"（前），后面的墙壁贴"post –""re –"（后）。这样每次看到卡片上的单词，都会与实物联系起来，共同记入脑海，达到加强记忆的目的。

②借助媒介，回忆再现。

这里所说的媒介，就是当提到某一概念时，我们在脑中自然而然联想到的内容。以"运动"为例，由于人们的经历不同，有人会想到健康，有人会想到疲惫，有人会想到奖牌等。说到"游戏"，有人会想到快乐，有人会想到朋友，有人则会想到没做完的功课。看到一朵"花"，有人想到姑娘，有人想到果实，有人则想到花开花落。这些概念都是联想的媒介。反之，通过这些媒介，你会加深对"概念"的理解和记忆。

③借助经常接触的事物，重复记忆。

与物相连记忆法的最大优势就是将知识的记忆生活化、环境化，睹物思"字"，触景生情，增强记忆。

比如，假日常到野外旅游时接触各种动植物，可记忆生物知识；游览名胜古迹时，结合景致可以记忆古人对名胜的描写或曾经在这里发生过的历史事件等。

8. 讨论记忆法

讨论记忆法，也叫交谈记忆法，指在与他人的交谈中，把自己尚未扎根或没有自信的记忆经过证实、修改、补充变得牢固的方法。

俗话说："与君一席话，胜读十年书。"意思是在与他人交谈时可以学到许多新知识。在学习过程中，我们遇到不能理解的地方，不妨先按照自己的想法与同学讨论，再在讨论过程中记忆正确的内容。

讨论记忆法可广泛应用于记忆各种内容。培根说过，谈话使人敏捷。讨论是一种语言交流方式，通过听取他人的观点和意见，使自己对某事理更加明白。在谈话中，双方畅所欲言，有问有答，可以相互证实、修正、补充，使自己原有的正确记忆得到加深，不正确记忆得到纠正，不完善记忆得到补充，是很好的记忆方法。有经验的人在学习时，常常采用交谈记忆法，甲提出一个问题，乙谈谈自己的见解；乙提出一个问题，甲说说自己的答案，互相切磋，从而取得良好的记忆效果。另外，采用此法，还能发现自身的主观片面性，弥补学习中的不足。

（1）讨论记忆的主要形式

①同学之间小范围的讨论。这种讨论既可以在课上，也可以在课下等其他环境中，往往发生于两人之间或小组之内。

②课堂上全体讨论。这种讨论由教师主持或引导，有明确的问题。通过全体同学之间、师生之间的大型互动，将小组讨论升级或合并为大范围的课堂讨论。

③班级或者学校组织的辩论赛。这种讨论带有辩论色彩和竞技特征。虽然重在维护己方的论点，但客观上可以促进辩手及观众对相关知识的理解，也能加深所有参与者对相关知识的记忆。

讨论记忆法是一种既利于提高记忆质量，又利于培养学生的群体意识、合作意识的记忆方法，更是一种高效的智力活动。

（2）运用讨论记忆法需注意的问题

①讨论题目要能够激发参与者的兴趣。要做到这一点，就必须认真选择并设计好论题或话题。论题需做到滋味醇厚、难度适中，并具有一定的挑战性，最大限度地激发学生的学习兴趣，充分调动学生学习的主动性、积极性。学生总是对各种讨论兴趣盎然，究其原因，一是学生好动，乐于交往，而这种心理需求在讨论中能够得到一定程度的满足；二是课堂讨论具有一定的民主性和自由探索性。教育家赞可夫说："教学法一旦触及学生的情绪和意志领域，触及学生的精神需求，这种教学法就能发挥高度有效的作用。"课堂讨论的意义正在于此。

②归纳总结讨论的结果，对产生的分歧要有评判。在课堂讨论的过程中，学生的思维呈开放状态，不同见解、不同思路在讨论中碰撞，参与者在获得心得体会的同时，也难免产生困惑，而

存疑或困惑的东西是难以在记忆深处扎根的。因此，教师要适时引导、科学总结，为学生解决困惑，加固记忆。

③小大结合、精心准备。小组合作讨论的形式很受师生欢迎，但也存在一个隐患：分散有余，集中不足。表面上看讨论得热热闹闹，但实际上难以保证每一个学生都积极参与。因此，课堂讨论要将小范围与大范围结合，保证全体同学参与其中。另外，讨论之前认真准备。讨论前要准备资料，讨论中要做好笔记，讨论后要做总结与反馈。

※记忆知识

提升记忆力的几个小诀窍

良好的记忆力对于学生学习的重要性是不言而喻的，记忆力下降会使学习成绩下降，还会给日常生活造成困扰，因此我们要积极想办法提高记忆力。那么有没有既简单可行又非常有效的方法呢？答案是肯定的。

穴位按摩：每天早上起床或晚上睡前，两手插入头发，从前到后做"梳头"的动作10次，然后两拇指按住两侧太阳穴，其余手指抓住头顶，从上向下做直线按摩10次；或者两手大拇指同时按两侧太阳穴时，其余手指抓住头顶，做顺时针旋转10～15次，再逆时针转同样次数。可以将两手搓热，在面部由上向下摩擦10～15次，再用两拇指的背部，同时从内眼角开始，绕眼周围旋转10～15次。只要能坚持，就会有效果。

转动眼珠：据很多研究发现，眼球转动可以帮助记忆力提高，因为眼球的水平转动有利于左右脑的相互沟通，能够诱发人们重要的回忆，眼球的右转帮助激发左脑，左转帮助激发右脑，这会提高我们的记忆力。

击掌蹬脚：天天击掌蹬脚能提高记忆力。俗语说"天天击掌蹬脚，终生不显衰老"，这确实是有医学根据的。脚被认为是人的"第二心脏"，分布着大量末梢神经，因此常蹬脚，不仅有助于下肢血液循环，还能调节神经活动，并有提高记忆力的效果。在平躺姿势下的蹬脚动作更有利于促进血液循环，先做勾脚动作，这时小腿肚会有紧绷感，然后做伸直脚的动作，脚背会有酸痛感，交替做两三分钟即可。

经常咀嚼：科学证明，人的咀嚼能有效防止记忆衰退。其原因在于咀嚼能使人放松，如果咀嚼得少，其血液中的激素就相当高，足以造成短期记忆力衰退。经常咀嚼的人牙齿好，吃饭更香，学习能力和记忆能力也随之增强。

经常聊天：或许有人认为花宝贵的时间与他人闲聊只能浪费时间。然而，据研究表明，坚持每天与他人聊天 10 分钟以上，能起到锻炼大脑的功效，对提高人的智商，增强记忆力非常有利。

运动健身：就一般情况而言，身体健康、爱好体育运动和热爱生活的人，精力充沛，学习力强，记忆力也强。你不必每天做剧烈运动，只要到户外呼吸新鲜空气或在公园和郊外散步即可。大自然能让人平静和放松，并向消耗能量的大脑输入氧气，有助于提高记忆力。

9. 变换顺序记忆法

变换顺序记忆法，指改变当初记忆过程中记忆内容的顺序，采用正向、逆向或中间词的方式进行记忆，以巩固记忆的方法。

传统的记忆顺序一般是从前到后，记忆过后的复习也往往按记忆时的顺序进行。这种复习方法是顺理成章的，因为按照材料的本来顺序进行记忆是我们惯用的记忆方式。

与传统方法不同，变换顺序记忆以逻辑记忆为基础，主要强调的是"改变"，包括改变记忆顺序、记忆思维角度、记忆思维定式等。

①改变记忆顺序。

用传统记忆法记忆单词是将其字母按照从左到右这一固定不变的顺序进行记忆，而逻辑记忆法则是以词为单位。例如 offspring（后代）这个词，可先从 offspring 中找出 spring（春天），先记住 spring，再加上 off，就能记住 offspring，这是正向增加词汇；而 springe（圈套）一词，可从 springe 中找出 spring，先记住 spring，再加上 e，就能记住 springe，这是逆向增加词汇。dwarf

（侏儒）这个词，可以从中找出 war（战争），先记住中间的 war，再加上前面的 d 和后面的 f，就能记住 dwarf，这是利用中间词增加词汇。

记忆一篇文本材料也是如此，因为材料是按照固定顺序陈述的，使用传统记忆法，一般会对材料开头和结尾记忆得比较牢固，而中间部分则容易被忽略，造成"夹生饭"。如果变换一下顺序，将材料的各个部分都做开头或结尾进行记忆，自然可以取得成效。

②改变记忆思维角度。

记忆思维角度是对记忆材料的理解判断、陈述说明以及评价。改变记忆思维角度就是对同一问题沿着不同方向和角度思考和记忆。由于在传统记忆中，我们往往采用先记忆后理解的方式，因此我们对记忆材料的含义、范围和结构层次等方面的理解判断可能是不准确的，这时就需要重新理解再进行记忆。在往复过程中，记忆会更深刻牢固。

③改变记忆思维定式。

定式即由先前的活动造成的一种对活动的特殊的心理准备状态，或活动的倾向性。所谓记忆思维定式，就是事先已预设好的、一成不变的记忆思维模式。比如，我们记忆一首诗歌，总是一句接一句依序背诵，这样会因缺少变化而显得单调沉闷，记忆者的兴趣也会大打折扣。但如果在记忆的时候，从自己感兴趣的部分入手，就可以充分调动记忆的主动性与积极性，从而大幅提高记忆的效率和质量。比如，在背诵一首七律唐诗时，除了按照顺序记忆外，还可以从中间对仗的两联开始记忆；复习哲学原理时，可以改变本体论、辩证法、认识论、历史唯物论的记忆顺序，以后边的部分为起点进行复习，不仅如此，每部分里面的顺序也可改变，以获得牢固的记忆。

10. 照相记忆法

评判记忆力品质有 3 个标准：快捷、长久、准确。一般人对于照相记忆法的理解，就是拥有照相机那样的记忆方式，"咔嚓"一下，就可以把整页书的内容拍下来，且需要的时候可以随时从大脑中调出来。记忆迅速，时间持久，清晰准确。

事实上人脑记忆与照相机摄录的原理是不同的。大脑照相记忆是把眼睛看到的东西用图像的形式记下来，经大脑来分析其中的内容，决定将哪些影像长久储存；当我们在回忆记忆材料的时候，尽量闭上眼睛，通过有意识地想象让脑中出现一个虚拟屏幕，将我们需要回忆的资料清晰地显现出来，我们只要看着屏幕，就能把资料回忆起来。整个过程就如照相并观看相片，先通过眼睛将记忆内容保存为图片，再在脑中进行图像回忆，以加固印象。显然，大脑图像中的信息比照片上的信息会少很多。

根据记忆的内容，照相记忆法可以分为 3 种方式：声音记忆、图像记忆、文字记忆。

按大脑的功能分工，语言文字记忆归左脑负责，速度较慢，容量很小，而声音记忆、图像记忆归右脑负责。科学研究证明，右脑记忆能力是左脑的 100 万倍以上。这正是图像记忆比文字记忆更深刻、信息容量更大的原因之一。

　　大多数人的图像记忆能力都是非常强的，例如，我们看电影时无须反复，只需要看一遍就能记住。记忆大师善于把记忆资料转化为图像，回忆的时候，它们在脑海中能够轻松地冒出来。想要恰当运用照相思维法，以下环节必不可少。

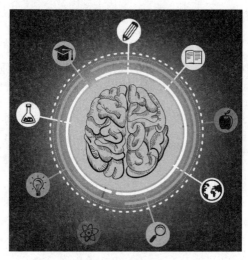

图 6.3　生动图像记忆

　　①图像转化。

　　图像转化就是把我们所看到的文字、数字、单词等材料，统统转化为形象具体的图像来进行记忆。没有图像就谈不上图像记忆，转化是照相记忆的初级阶段，可以帮助你养成图像思维的习惯。

　　②图像联结。

　　图像联结的意思就是把原本相互独立的各个图像，运用联想挂钩，使它们互动、联结在一起。这是照相记忆的关键环节。

③图像定桩和整理。

定桩更通俗地说就是绑定，在我们的记忆对象之外，往往还要再引入一些记忆工具，通过把记忆对象和工具绑定在一起来帮助记忆。

将以上步骤练习熟练后，你就能非常自如地把文字转换成图像了。在日后的记忆过程中，只要看到文字，脑海中就自然出现栩栩如生的图像。这些图像或静或动，构成一幅幅画面，记忆活动就会变得十分容易。当然，一些画面可能是零散、杂乱的，这就需要我们进行整理，用更好的顺序或逻辑来记忆这些转化出来的图像。

第七章
不妨耍些小手段——记忆诀窍之四

记忆分为"记"和"忆"两个环节。"记",是通过强化刺激,在大脑中留下痕迹;"忆",是把大脑里形成的刺激联结并取出来用。要想提高记忆的效率,必须把更多的时间从"记"转到"忆"上来,主要就是通过回忆、思考、联系实际来熟悉并强化刺激联结。

1. 间隔记忆法

把记忆与"间隔"相结合，再配合回忆的想象来记忆的方法就是间隔记忆法。记忆就像一个荷包，如果装得太满就会合不上口，里面的东西也会掉出来。因此，要想提高记忆，就要把记忆与一个关键因素相结合。这个要素就是"间隔"。

有人做过这样一个实验：把实验对象分成4组，让他们学习相同的知识。第一组，学习之后马上学新内容；第二组，学习后立即回顾复习1次；第三组，学习后重复复习2次；第四组，学习之后就停下，间隔一段时间再回顾，再间隔一段时间再回顾，共间隔3次。结果显示：第一组可谓"雨过地皮湿"，只留下1%的记忆；第二组、第三组留下20%；只有第四组的间隔记忆高达80%。

人记得快，遗忘得也快。间隔不但能缓解大脑疲劳，而且可以巩固和强化新知识。因为这段学习虽然刚刚结束，但脑内的神经活动过程并没有立即结束，仍会持续一段时间。如果此时没有其他材料干扰，它就会在大脑中留下深刻的痕迹。

当你需要通过浏览的方式记忆大量的姓名、数字、清单等内容时，采用间隔记忆法会大有帮助。比如，参加一次活动，需要你记住 15 个人，就可以使用以下方法：首先在别人介绍他们时，跟着重复他们的名字，之后每隔一段时间便要默念一次，刚开始时间较短，后面间隔时间越来越长，你会发现这些名字很容易记忆。回家后，你要把这些名字写下来，第二天早晨再看一遍，就会发现已经记住了。

运用间隔记忆法，需要把握以下要领。

（1）记忆离不开有间隔的重复

记忆深浅不仅与刺激强度有关，也与重复次数直接相关。在一定条件下，重复的次数越多，记忆就越深刻。记忆重要材料，间隔两三天或一周，持续一个月后再集中复习一次，查漏补缺、强化巩固。

重复是记忆之母。我国著名桥梁专家茅以升，80 多岁高龄还能背诵圆周率小数点后 100 位以内的数字。有人向他请教记忆诀窍，他的回答很简单："重复！重复！再重复！"

（2）重复时的间隔应疏密有致

当学习新知识时需要重复，且重复的频率要高，间隔的时间要短，否则印象过浅，难以在脑中产生记忆效果。等到瞬间记忆成为短期记忆后，重复的间隔时间就可以在不使信息遗忘的范围内稍长一些。我们可以根据实际情况自行调节。

明末清初的著名学者顾炎武，可以背诵 14.7 万字的《十三经》，且准确率很高，这在很大程度上是凭借重复记忆做到的。《先正读书诀》中记载："林亭（顾炎武）十三经尽皆背诵。每年用三个月温故，余月用以知新。"

（3）记忆内容上也需间隔

有些学生喜欢把所学知识集中在一起不间断地复习，复习某科课程时，便把其他课程忘在一旁，这是一种很不好的复习方法。因为集中复习内容过多过重，容易引起大脑的疲倦，从而降低记忆效果。因此，每隔一段时间要对复习内容进行更换，进行内容上的间隔。也就是说，一门学科学习的时间长了，要先把它放下，换一门学科学习。这样既可避免单调与疲乏，又能提高学习效率。

（4）间隔记忆法的精髓在效率

如果把所有的时间集中起来使用，不做任何间隔，先不说大脑能否吃得消，单从效益方面来说就是得不偿失的。间隔记忆法的精髓与意义就在于提高单位时间的学习效率和记忆效率。

2. 特征记忆法

特征记忆法就是通过把握记忆对象的特征从而加以记忆的方法。经验表明，个性突出、特征明显的东西更容易记忆。这是由于它们容易引起人们的注意，并且便于人们把它们与其他同类对象区分开。

大脑皮质有两个基本的神经过程，即兴奋过程和抑制过程，这两个过程都是由一定的刺激引起的。客观事物的共性给人的刺激是相似的，容易产生混淆，所留下的痕迹也趋于淡薄；而它们的个性则可以刺激大脑产生兴趣，使大脑皮质形成一个兴奋灶，从而留下鲜明的记忆表象。因此，对于内容相似的知识，必须通过细致的观察和全面的比较后，找出其中特别容易记住的特征。

（1）训练特征记忆力的关键环节

①观察。

观察是记忆的首个环节，只有掌握了观察的方法，才能使记忆扎实。前文说到记忆过程分为识记、保持、回忆 3 个阶段，观察属于"识记"阶段，如果没有感觉器官对外界事物的观察，就谈不上"保持"和"回忆"。或者没有经过仔细观察，只是记住事物的大概，也就无法回忆事物的特征。观察次数越多，过程越细致，就越容易找到事物的特征。比如，关于人的外形的基本特征，甚至连儿童都能说得出来，因为他们已经自觉不自觉地观察过多次。

②辨别。

辨别即根据不同事物的特点（侧重于表征），在认识上加以区别。但有时候很多识记对象的表征极其相似，容易混淆，只有深入分析，同中求异，才能找出识记对象的本质特征。比如，"举案齐眉"和"相敬如宾"两个成语都是形容夫妻之间的感情很好，看起来没有什么区别，实际上二者本质上并不相同。"举案齐眉"原指妻子给丈夫送饭时将案子举到眉毛的高度，强调女子对男子的尊敬，并不符合当今男女平等的价值观；而"相敬如宾"则是指夫妻双方相互尊重，就像对待宾客一样。对于这些看似相同的内容，我们只要抓住它们各自的特点加以区别，记忆就会很牢固。

③发掘。

有些识记对象本身并没有什么特征，或者只有概念没有实物，我们可以人为地赋予它们某些特征。比如外星人，虽然没有人见过真正的外星人，但人们可以凭借想象，发掘出外星人与地球人不同的特征：如有 3 只眼睛，1 条胳膊，可以在天上飞等。

发掘特征不仅要比较、辨别、分析事物表征，有时还需要深入事物内部进行剖析，才能发掘其独有的个性特征。在我们的课程学习中，有很多内容需要依靠机械式的记忆，如年代、常数、字母、元素符号、地名等。这些内容看似简单易懂，实际上却很难记忆。因为这些内容往往并无明显特征，但我们可以赋予其一些特征，使其和记忆内容产生某种联系，然后利用这些联系的提示来帮助自己联想或记忆这些内容。

（2）特征记忆的基本方法

①浓缩特征法。

浓缩特征法就是提炼所记知识的特征，将其编写成纲目或浓缩为几个字，从而方便记忆的方法。比如，记忆西亚和北非石油的特点——储量大、埋藏浅、出油多、油质好，可以浓缩为"大、浅、多、好"4个字。

②外形特征法。

观察人的外貌，就要找出其体型、脸型、发型、眉毛、眼睛、鼻子、嘴唇、耳朵、下巴、四肢等方面与众不同或比较突出的特征。

比如，许多地理图形，也有独有的特征。对于国家、省区、岛屿、湖泊等图形，也可以突出它们的轮廓特征来记忆。例如，我国的黑龙江省像一只展翅欲飞的天鹅，陕西省像兵马俑……这样不但好记而且容易区分。

还有一些汉字，长相很相似，比如戍、戌、戊三字，字形相近，很容易混淆。这时只要一句口诀就能记住它们：横戌点戌空心戊。而这个口诀正是概括了它们各自的特征。

③数字特征记忆法。

比如，记忆历史年代，就可以抓住其本身的特征来记。

有连续的数字——蒙古灭金是1234年，1234是连续自然数；法国大革命是1789年，而789也是连续自然数。有含加法的数字——李时珍于1578年写成闻名世界的药物学巨著《本草纲目》，可记作 $15 = 7 + 8$。有含减法的数字——周平王东迁，东周开始的时间是公元前770年，可记作 $7 - 7 = 0$。

再比如，地理中也可总结出一些数字规律。例如，讲南亚地区，总结出该地区有3个"三"：三种地形（北部是山地，中部是恒河、印度河平原，南部是德干高原）；三大河流（印度河、恒河、布拉马普特拉河）；三种气候（热带雨林气候、热带季风气候、热带沙漠气候）。在讲东非国家时，总结它们有："三亚"（埃塞俄比亚、肯尼亚、坦桑尼亚），"两布"（吉布提、布隆迪），"两达"（乌干达、卢旺达）。

因此，我们在记忆某个对象时，应努力去发掘它的个性特征，以此作为识记、辨认及回忆它的重要线索。

3. 首尾记忆法

首尾记忆法即将一个较长的学习内容（如一篇论文、一个故事）读完后，重点记首尾，通过首尾联想中间的记忆方法。很多人认为，首尾记忆不如说是分散记忆，因为两者的原理是基本一致的。只不过分散记忆侧重于时间间隔，首尾记忆则侧重于内容。"间隔"是两者的共性。

美国心理学家普兰德博士曾做过如下实验：把12个单词排成一行让人记忆，看哪个词最容易忘记。实验结果表明，没有一个人会记错头两个单词，从第三个单词开始错误率逐渐增多。第七、八个单词错误率最高。越往后，错误就越少，而最后一个单词的错误率又变得极低。因此，心理学家把这种记忆现象称为"首因效应"或"近因效应"。

人们经过进一步研究发现，之所以首尾部分不容易遗忘，而中间部分遗忘较多，是因为受到前摄抑制和后摄抑制的干扰。前摄抑制是指先学习的材料对后学习的材料的干扰作用，后摄抑制是指后学习的材料对保持和回忆先学习的材料的干扰作用。如果在记忆活动中对以上规律善加利用，就能够提高记忆效率。

首尾记忆法适用于各门功课的学习，如果将其规律放到教学中，我们就可以巧妙地利用时空关系，将一整堂课分为头、中、尾三个部分，巧妙利用头部、尾部记忆的高效性来达到有效记忆的目的。

接着我们再来看应用首尾记忆法对具体学科知识的记忆。比如，背诵语文课文时，我们可以不按照段落顺序来背诵，而是先记忆文章的开头，了解背景；再记忆文章的结尾，理解主题。在背会首尾内容之后，我们就对文章有了大致的了解和认识，此时再背诵中间的内容，就显得容易多了。

首尾记忆法不仅可以用于记忆全文，还可以用于记忆小小的单词、词组等内容。比如记忆英语单词时，我们可以重点记忆单词的前缀与后缀部分，很多英语词典也是将前缀相同的单词编在一起，有的还将后缀相同的单词编在一起。这样便于读者对同义词、近义词的理解，更便于对单词的高效记忆。只要掌握了前后缀，整个单词也就不在话下。

无论是规划学习进度还是学习具体知识，首尾记忆法都能发挥良好的作用。好的开始是成功的一半，而好的结尾则是成功的另一半，只要把握好首尾，也就能把握好整体内容。

4. 缩略记忆法

所谓缩略记忆法，就是在理解识记材料的基础上，从材料本身选出一些关键的字句或数字作为记忆的"提示"，从而引起大脑对材料的全面再现。该方法一般是把需要记忆的大量长篇资料通读以后，分析并整理出其基本要素及本质，再排列组合成简单、短小、精练、便于记忆的句子，因此也叫化繁为简记忆法。

缩略记忆法可以广泛运用于各个学科的学习，尤其适用于背诵资料较多的科目，如政治、历史、化学等。比如，政治课中把工业现代化、农业现代化、科学技术现代化、国防现代化概括为"四化"，把有理想、有道德、有文化、有纪律的年轻人概括为"四有新人"等。这样可以大大减轻大脑的记忆负担，达到事半功倍的效果。

在学习历史时，要把教材逐字逐句地背诵下来是十分吃力的。要是我们能认真思考一下材料的结构或段落的中心思想，把其中重要的历史事件挑选出来，将其跳跃式地记入脑中，使它们成为记忆的主干，再在这些主干上添枝加叶（次要的事件），就有利于我们领会主要内容，并顺势把它记住。

缩略记忆法在数理化等理科的学习中同样适用。例如，记忆阿伏伽德罗定律："同温同压下，相同体积的任何气体，都含有相同数目的分子。"可将其缩略为"四同"（即同温、同压、同体积、同数分子）。这一缩略语能够起到很好的提示作用，对于取得良好的记忆效果大有帮助。

（1）缩略记忆法常见的几种形式

①内容缩略法。

内容缩略法就是根据材料主干，将内容的精华和核心进行高度压缩或分解，以最简单、最本质、最概括的文字表达出来的方法。例如，在配制摩尔浓度的溶液时，具体的操作步骤可缩略为：一算（即计算）；二量（即称量或量取溶质）；三溶（即溶质的溶解）；四洗（即洗涤）；五转（溶液的转移）；六定（即定容）；七匀（即摇匀）；八贴（即装液和贴标签）。以后在需要回忆这段内容时，只要酌情在这些词上"添枝加叶"即可。

②字头缩略法。

就是将每句话、短语或词的字头提取出来，并按顺序串联起来记忆。该方法简易可行，既能提高兴趣又方便记忆。例如，1931 年中国共产党的土地革命路线是：依靠贫农雇农，联合中农，限制富农，保护中小工商业者，消灭地主阶级，变封建半封建的土地所有制为农民的土地所有制。可缩记为"靠（贫）联（中）限（富），保（中小）灭（地主）"。经过这样浓缩后，就能以小见大，加深印象，难以忘却。

③数字缩略法。

就是在理解的基础上进行高度归纳，将记忆材料概括成数字来记忆的方法。比如，"坚持社会主义道路，坚持无产阶级专政，坚持共产党领导，坚持马列主义、毛泽东思想"。通过关键词提取，可提炼为"四个坚持"。还有一种常用方式属于内容概括，比如，记忆隋朝大运河时可用"一二三四五六"进行归纳，即"一条大动脉，二百万人开，三点（涿郡、余杭、洛阳），四段（永济渠、通济渠、邗沟、江南河），五河（海河、黄河、淮河、长江、钱塘江），六省（河北、山东、河南、安徽、江苏、浙江）"。

（2）运用缩略记忆法的几个关键点

①通读资料。

通读是缩略的基础，是进行后面步骤的前提。我们必须准确把握记忆材料的内容，了解其中的一些生字、生词及语段的大概意思，才能让大脑思维产生丰富合理的想象，让材料内容在脑海里活跃起来，从而加深记忆。

②提炼关键字。

就是要抓住重点，对较繁杂的识记材料在大致明确的基础上进行概括和压缩，抓住其个性特征，找出能够代表其内容的关键字词。例如：记忆化学平衡的三大特征（即化学平衡是动态平衡；达到平衡状态时，体系中各组分子的百分含量一定；条件改变时，平衡也随之变动，最后重新建立新的平衡），最关键的是对"支、定、变"三个字的记忆。

因为每个人的思维方式和理解能力不同，所以提取的关键字可能各不相同，这没有关系，只要有助于个人记忆即可。

③转化组合。

找出关键字词后，一定要将其组合起来。组合时，要让这些关键字词产生一定的联系。比如，因果联系、顺序联系、由先到后的动态联系、由近及远的静态联系等。然后根据这些联系将它们组合成我们熟悉的定理、法则、公式等，或者短小、精练、幽默、夸张的段子等。为了便于记忆，你还可以对关键字词进行谐音转化。

④复习还原。

记忆了我们组合好的资料后，应用时一定要把它们还原成原本的内容。还原的时候，要注意资料的整体性和准确性，否则，还原后的效果会大打折扣。我们只要牢记重点，结合联想，再加以必要的扩充就能较全面地再现记忆内容。

5. 干扰变刺激记忆法

在学习记忆时，把原本会分散注意力、妨碍正常记忆的消极因素，变为刺激记忆的诱导物，以突破记忆障碍来增强记忆效果的方法就叫干扰变刺激记忆法。

这种方法多用于课后自学等易受干扰的环境。每当大脑开始记忆时，往往会产生杂念或者受到外界环境干扰，不由自主地想到自己更感兴趣的事，造成精力分散，妨碍正常记忆。

记忆对多数人来说原本就不是一件开心的事，因为记忆会增加大脑的工作负担，是非常辛苦的。而这些干扰因素使记忆的难度又加深了一层，解决这一难题的最佳办法是化消极因素为积极因素，将这些杂念变为刺激记忆的诱导物，变阻力为动力，达到增强记忆的目的。

（1）排除环境干扰

①学习之前，先处理好有可能发生的麻烦。

你在学习过程中忽然肚子饿，或想上厕所，或者朋友有事需要帮忙……这些看似细琐的小事情，往往会分散你的注意力，中断当前的学习。因此，学习之前要处理好这些麻烦。此外，你在学习过程中需要的资料和工具也尽可能提前准备好，整齐有序地放在抬手能拿到的位置。

②尽量选择没有干扰的环境。

每位学生都想拥有一个能够专心用功的理想环境，而实际上，完全理想的环境是不存在的。你在学习的时候，旁边有人正在看电视剧、聊天、打牌，窗外有人在吆喝，街上有往来的汽车，不久，外面又开始刮风下雨……环境干扰因素很多，选择环境无疑就是要尽量避开这些不利因素。高尔基曾说："树林在我的心里引起了一种精神上安宁恬适的感觉，我的一切悲伤都消失在这种感觉里，不愉快的事统统忘掉了。同时提高了我的感受性：我的听觉和视觉变得敏锐多了，我的记忆力强得多了，我的头脑里贮存的印象也多了。"

如果别无选择，那就要学会适应。这是将干扰转化为刺激因素的关键。比如，毛泽东小时候常常用"闹中取静"的方法在城门口读书。李政道经常去茶馆读书，任凭茶客们吵吵闹闹。这样可以训练大脑的过滤能力，把该记住的东西记住，把不需要记住的东西遗忘掉。

（2）排除内心杂念

①设置一个短时间内可以达到的目标。

我们之所以要设置目标，是因为只有明白"目前我该做什么、做多少"时，我们才能沉浸在自己的想法和思考中，然后坚定地行动起来。比如，熟记15个英语单词，或背熟一篇古文，或默写5个数理公式等。当你静下心来朝目标努力，那么周边的一切干扰也就变得与你无关了。

②找出使你内心不安的原因。

倘若你设置目标后，还是对某些事情感到忧虑，无法集中精力学习、记忆效率低下，那么你应该立刻把这些干扰因素列成清单，同时暗示自己，只要学习目标完成，就可以去做这些事，然后把"杂事清单"放在一边。这叫心理暗示法。

③完成预定任务后，奖赏一下自己。

干扰变刺激记忆法，从某种意义上说也是一种记忆者自我的心理调节法，过度的分心，必然会打断我们的记忆链条，从而很难再集中注意来进行弥合。但是，适当的分心，在某种程度上又会将这种消极因素转换成积极因素。比如，当我们完成预定任务后，可以把"杂事清单"中的那些事情（都是你爱做的）当奖品。比如，喝一杯茶或咖啡并休息10分钟，嚼嚼口香糖或是听听舒缓的音乐，让大脑也"舒服"一下。把想做的事情当奖品，对大脑记忆来说意义非凡。因为这样足以排除记忆的杂念，并将其变为刺激记忆的最佳诱导剂。

※记忆研究

右手记忆法：持续握拳90秒钟

在生活中，存在着很多不为人知的冷知识，如攥紧右手拳头90秒钟，有助于提高记忆。美国新泽西州蒙特克莱尔州立大学（Montclair State University）的鲁斯·普罗普尔（Ruth Propper）等人对这一现象做了进一步研究，结果表明，简单的身体运动能暂时改变大脑运行的方式，从而起到改善记忆的作用。他们发现右手持续握拳 90 秒钟有助于刺激左脑的活动性，帮助记忆的形成，而左手做同样的动作则能帮助唤起记忆。这项研究结果刊载于公共科学图书馆《PLOS ONE》期刊上。

研究人员认为，握紧右拳这个简单的动作可以促进大脑中主管记忆能力的区域活动，它能激活跟储存记忆相关的大脑区域，而握紧左拳的动作激活了大脑中与回忆信息相关的关键区域。

在研究过程中科学家做了实验，他们给每位志愿者一个小的橡皮球，要求他们在试图记住一张包含 72 个单词的单词表前尽可能用力握拳挤压这个橡皮球。几分钟后，在检查他们的记忆效果前，让他们再次重复这个动作。第一小组两次都用右手；第二小组两次都用左手；第三小组在记单词前握紧右拳，在回忆前握紧左拳；第四小组与第三小组相反；第五小组握着球但没有挤压它。

实验结果显示，记忆前右手握拳用力挤压，随后回顾记忆时左手握拳的志愿者记忆效果最好。其次是两次都右手握拳者，而只握住不用力挤压的一组成绩也优于两次都用左手握拳挤压者。普罗普尔认为部分简单的肢体动作短暂改变了脑部运作方式，有助于改善记忆力。至于这是否也能改善言语或空间等其他认知能力，则有待进一步研究。

基于右手记忆现象，专家建议那些手头没有纸笔的人在试图记住购物清单或电话号码时可以尝试一下右手持续握拳 90 秒钟这个技巧。

6. "回嚼"记忆法

反复阅读、反复琢磨，以求对记忆材料或事物加深理解的方法称为"回嚼"记忆法。

我们读书时经常会遇到这种情况：有些内容第一遍读不懂或是只有一点感性认识——初读感叹精彩；第二遍读时，发现有许多疑难问题——再读存疑；第三遍读时，主要内容都理解了——三思有悟。古人云：妙文需做千回嚼。这主要有两个原因，一是当时理解、记忆了主要内容，之后逐渐忘却，需要回过头来温习；二是对部分内容的理解不够全面、深刻，再回头看看，能起到温故知新、举一反三的作用。

这和牛吃草的道理是一样的。牛吃草，先是囫囵吞枣似的吞下去，休息时再返回嘴里细细咀嚼。这种"回嚼"消化草料、吸收营养的方法，对于人类记忆也有启示。"回嚼"对于记忆或巩固记忆非常重要。那么，到底怎样"回嚼"呢?

(1) 以温习的方式回嚼

有人读书不喜欢"炒剩饭"，觉得吃回头草没味道，不如学新东西痛快。实际上，温习是记忆比较有效的办法之一。抛开温习谈记忆，几乎是纸上谈兵。有人统计了这样的时间遗忘率：阅读 20 分钟后遗忘 47%；2 天后遗忘 66%；6 天后遗忘 75%；31 天后遗忘率达到 79%。也就是说，我们记住的内容如果 1 个月不复习，所剩便会寥寥无几。

温习的意义在于理解尚未理解的知识，并巩固那些逐渐遗忘的知识。专家建议：每天晚上休息前把当天所学知识回想一遍，周末把本星期所学的内容回想一遍，3 个月后把这 3 个月来学习的内容再回想一遍，这样你的记忆就会非常扎实。

（2）从新的角度使识记过的信息重现

①用不同器官去感知同一信息。

大脑接受信息的途径有视觉、听觉、触觉、嗅觉、味觉 5 种。如果回忆与这些感觉器官记忆形成合力，那么记忆效率就会大幅提高。比如，学习李白的《蜀道难》时，理解全文主题，背熟全文语句，这属于大脑对文字的记忆。但当有机会踏上蜀道（或者在电视片里），看到蜀道的真实情景时，那奇险无比的画面（影像），又会给你带来对《蜀道难》的全新感受，这是视觉记忆进一步发挥了作用。这说明，用不同的器官去感知同一信息，会使感知的内容更丰富、更生动，记忆也会更牢固。现代科学研究表明，人从视觉获得的知识能够记住 25%，从听觉获得的知识能够记住 15%，若把视觉与听觉结合起来，则能够记住 65%。

②让需要记忆的信息重复出现在不同环境中。

这属于记忆的再认，且能在原记忆材料的基础上再创新知。比如，我们在课堂上学习了一段历史知识，在课堂上我们可以将其以背诵的方式反复朗读；课下有同学向你请教，你可以以讲课的口吻再次为他讲解；在回家的路上，你可以在心中默念；晚上到家后，你还可以把这段历史当成故事讲给家人听。这段历史反复在你的脑中浮现，你就会记忆得非常深刻。

如果把记忆材料的文字内容看作血肉，那么其中的疑难就是骨头。运用"回嚼"记忆法时，我们一定要将这些骨头嚼烂，彻底消化吸收。北宋政治家赵普是一位贤臣，深得皇帝欣赏。赵普平生爱读《论语》，反复咀嚼，把其中的治国之道像嚼骨头一样嚼烂，把那些深奥的道理悟透，故有"半部《论语》治天下"之说。对于经典妙文，我们切忌囫囵吞枣，必须反复诵读、反复体会，直至读出书本的弦外之音，领会到书中要义。

7. 以少带多记忆法

当遇到两组或两组以上容易混淆的材料时，通过记住少的一组来推知多的那组的记忆方法，即"以少带多记忆法"。

比如，偏旁"廴"与"辶"容易混淆。《现代汉语词典》中，"辶"旁的汉字约有 120 个；而"廴"旁的汉字只有"廷、建、延"3 个。因此我们只要牢记这 3 个"廴"旁的汉字，就再也不会将这两个偏旁搞混。这种记忆方法的最大优点是以少胜多，化繁为简。

（1）运用以少带多记忆法的基本要求

①对记忆对象的总量或属性必须有明确的把握，不可笼统，必须是确数而非概数。

②对记忆对象的分类必须细，在两种分类中，两项相加必须等于总和，即非此即彼的对应关系。

③"多"与"少"都属于记忆范围，"多"的一方的特征或属性可以通过"少"的一方来推断确定。

④对于两种以上的分类也应按照两种分类进行记忆，以其中的一种和剩余的种类构成推断或排除关系。

（2）以少带多记忆法的实际运用

以少带多记忆法特别适合汉语拼音知识的记忆。汉语拼音声母中卷舌音（舌尖后音）与平舌音（舌尖前音）困扰了许多学生，记来记去还是理不清。其实，只要比较二者的体量，就会发现现代汉语中卷舌音的汉字占绝大多数，而平舌音的汉字数量甚少，因此只需要将平舌音记住，剩余的则可一概当卷舌音记忆。还有声母中的鼻音"n"与边音"l"，方言区的学生也不容易弄明白，其实只需要把为数不多的几个以鼻音"n"为声母的汉字记住即可，其余汉字的声母都可归属于边音"l"。

与以少带多记忆法类似的还有"单边记忆法"。对于相反、相对的学科知识，仅需要记忆对立的一方就可以了。比如，化学中对于氧化剂与还原剂的判断，只要记住氧化剂的相关知识，也就记住了还原剂的相关知识。地理中南、北半球四季变化的特点也是如此，南、北半球以赤道为界，季节相反，只需记住北半球四季的变化，也就明确了南半球四季的变化规律。

8. 转移记忆法

我们在难以回忆原本已记住的材料或事物时，应避开绞尽脑汁的硬想，而是把思绪转移到所要回忆内容的周围去寻找线索，最后实现对记忆内容的回忆，这种记忆方法就叫转移记忆法。

转移记忆法多用于精神紧张、大脑疲劳的时候。一个人若是回忆不出所需要的材料或事物，常常会越想越急越紧张，致使头昏脑涨而无结果。这时，转移注意力不失为一种有效的方法，暂时停止直接回忆，而到所记材料的周围去寻找线索，等到抑制自动解除，由新的线索获得联想、启发，就能回忆出所记忆的内容。

比如，一个人丢了东西，心中着急，不知东西丢在何处，硬想也想不出来。这时不妨转移一下思路，想想自己是怎样到这里的，而在这之前都去过什么地方，由时间的推移到空间的移动，再由种种周围状态诱导出遗失物品的场所来。

除了转移对记忆内容的注意力外，有时还可以转移记忆空间（所处的环境）。记忆回路短路，极有可能是周围环境影响造成的。在学校，教室、宿舍、操场、花园，只要不是上课时间，都可以通过转移学习地点的方式来调节情绪，提高记忆效率。若在校外，则可以选择离家近的清静地方，一条石凳、一处台阶、一方草坪、一片树荫，还有其他能让你放松的处所，都可以成为你记忆的天堂。

　　转移记忆法的关键点在于发现大脑思维网络中与记忆点之间存在的或明或暗、或隐或现的联系，并以此"快捷方式"唤醒沉睡的记忆。

第八章
遵循思维规律——记忆诀窍之五

思维规律是客观世界的规律在人们意识中的反映,是思维对事物发展过程中的本质联系和发展的必然趋势的再现。而记忆能力是人脑对所经历事物的识记、保持和再现的能力。要想提高记忆能力,就必须遵循思维规律。

1. 抽象记忆法

抽象记忆法又称语词逻辑记忆法，是记忆概念、原理、公式、法则和各种符号等抽象知识的方法。在学校，我们学习的大多是书本知识、间接知识，并非都能用直接经验或直观形象材料加以理解和说明，因此，对思想、概念、规律、公式等抽象事物的记忆必不可少。

抽象记忆法具有概括性、理解性和逻辑性等特点，是个体保存知识经验最简便、最有效的形式之一，也是人类特有的记忆形式。人们获取自然、社会和思维的规律性的知识，都是通过抽象记忆保存下来的。抽象记忆与人的抽象思维有密切联系。随着人们抽象思维的发展，头脑中的各类抽象内容日渐丰富，抽象记忆的能力也越来越强。

由于人们对概念、原理、公式等抽象知识的阐释、理解和记忆比较困难，为此人们进行了很多摸索，在死记硬背的基础上总结了许多巧妙的办法。下面简要介绍几种常用方法。

（1）将抽象词转化为形象词

形象词相对抽象词来说更容易记忆，因为我们可以将这些文字清晰地反映在脑海当中。但由于抽象知识具有高度概括性，多用文字和特殊符号等形式表达，因此不容易调动右脑的图像记忆功能，记忆效果大打折扣。因此，为了提高记忆效率，我们必须在"虚"与"实"之间转化，即"概念"与"图像"间的转换。

比如，"公正"一词是虚的，解释起来有些困难，我们便用"天平"取代"公正"。"天平"本是测量工具，是实物，常用来衡量两边是否等量，而等量即"公正"，不偏不倚。

抽象词转化还可运用谐音、望文生义等方法。

（2）借助理解记忆方法

抽象记忆与其他记忆形式一样，都应以理解为基础。如果没有理解，单纯运用抽象记忆，就会变成死记硬背。同样，如果撇开语词逻辑，单纯运用意义记忆，也不利于记忆材料的基本思想和逻辑关系。可见，抽象记忆与理解记忆二者既有明显区别又有密切联系。

我们无论使用什么方法记忆抽象知识，都要对原意有所理解。比如，一个人提着两桶水在水平路上移动了一段距离，而提水桶的人没有做功。有些学生想不通：这个人耗费了很大力气，怎么没有做功呢？这涉及物理的机械功原理。如果你对原意完全不理解，就不可能牢记这个抽象概念。

（3）运用生动比喻

有些抽象知识，用一两句话难以解释清楚，有的甚至用了大段文字解释，学生还是不能理解，更记不住。这时，恰当而生动地运用比喻，能够将抽象而深奥的知识介绍得深入浅出，言简意赅。

比如，在光电效应中，当单个光子的能量小于逸出功时，不发生光电效应；而增大光子数量仍不能发生光电效应。学生对此难以理解。这时，我们可以这样比喻说明：一座山很高，一只鸟飞不过去，一群同样的鸟仍然飞不过去。

我们可以用自己熟悉的东西来比喻记忆材料，使记忆更加生动直观。

发展提高抽象记忆力应注意以下几方面：

①充分认识、理解有关概念和理论的意义，调动学习的内在动力；

②具有抽象知识记忆的兴趣、强烈的欲望和坚定的信心；

③抽象记忆不是单打独斗，还应借助形象记忆及其他记忆方法；

④勤奋努力，坚持不懈。学识渊博了，抽象思维与记忆的水平自然也会随之提高。

2. 归类记忆法

　　归类记忆法是按照事物的内在联系和外部特征进行分类、归纳以增进记忆的方法。现代脑神经记忆学理论认为：只有系统化（有条理）的信息才能在大脑中形成系统化的暂时神经联系，使识记内容变得容易一些；而孤单的识记材料所形成的暂时神经联系则是个别的、独立的、零碎的、分散的，不容易记忆，即便记住了，也难以保持。

　　材料经过学习者的分类整理，如同把杂散的书籍经过归类编目后井然有序地摆放在书架上，十分规律，学起来有条不紊。学习者可以依据规律加以记忆。需要时，也可按类快速索取。

　　归类的形式多种多样，但标准只有两条：一是复杂归类，即按照事物的内在联系或本质属性进行归类；二是简单归类，即按照事物外部的联系或非本质属性进行归类。

　　复杂归类，如我们可以将历史知识分为若干专题进行纵向或横向的归类。学习中国古代历史时，可以将内容分为历代人口、历代官制、历次改革、历次农民起义、历次以少胜多的战役等。

简单归类，如对以下 20 个词语的记忆：

食堂、海滩、兔子、太阳、馒头、森林、贝壳、台灯、青菜、电脑、小鸟、勺子、房子、波浪、大树、椅子、狐狸、海豚、窗户、汤水。

如果我们采取死记硬背的办法，一遍遍阅读这些词语，不免要花费很多时间，而且会让人感到很枯燥，越背越心烦。如果采用归类记忆法，那就容易多了。我们可以先找出规律，把这 20 个词语归为 4 类：房子里的物品、食堂里的东西、森林里的动植物以及海滩上的情景。

房子：椅子、电脑、台灯、窗户；

食堂：勺子、馒头、青菜、汤水；

森林：狐狸、兔子、大树、小鸟；

海滩：贝壳、海豚、波浪、太阳。

通过归类，记忆起来是不是快捷多了呢？

当然，因为每个人的思维习惯、知识背景各不相同，所以对于同样的内容，不同人所分的组很可能千差万别。有时还会遇到一些比较复杂的问题，因此我们要开动脑筋，积极思考，特别需要掌握以下要点。

①归类可以按记忆对象的机能、构造、性质、材料、大小、颜色、重量、场所、时代等进行。但在同一分组内，要明确一个统一的标准和依据，否则容易出现"站错队"、交叉、混乱等情况。

②深入、透彻理解记忆内容，并在此基础上进行高度概括的、高度精练的、高度忠实原文的、击中要害的归纳。尤其要了解事物之间的内在逻辑联系，不要被它们的表象所迷惑，以

保证归类的正确性。

比如，"笔、墨、纸、砚"都属于文具。又如，"春、夏、秋、冬"有时间顺序上的联系。

③进行归类时，分组的个数、每组内容的数量必须要适度。如果分组太多，就会加大记忆的难度；如果分组太少，组内个数就会超标。另外，各个组的个数也不能相差太大。

④原文要点的顺序可以根据归类分组的需要重新进行排列。

经常运用归类记忆法，会使你的头脑科学化、知识系统化，从而能够举一反三，养成科学的思维习惯，牢牢记住所学知识。

3. 推理记忆法

推理记忆法是由一个或几个已知的判断（前提）推出新判断（结论），通过相互推导来帮助记忆的方法。

人们要记住一个结论，最好的办法是寻找与之相关的内容建立联想，而推理恰恰与结论关系最密切、最直接，而且二者之间的联系是恒定的，只要掌握了推理过程就能轻易记住结论，即使一时忘记也能重新推导出来。因此，推理记忆法是行之有效的记忆方法之一。

（1）推理记忆法在英语学习中的应用

英语是一种形态比较丰富的语言，词类与句法成分有比较整齐的对应关系，每种句法成分有比较固定的功能。比如，英语句子中含有动词，因此需要考虑时态和语态。时态可以在"现在、过去、将来、过去将来"中推理，而语态在"一般、进行、完成和完成进行"之间推理或切换。

（2）推理记忆法在地理学科中的应用

有些地理知识之间存在着因果推理关系，如地势地貌、海洋气候、对流层等特征与形成等。我们以对流层为例，根据因果联系，可以推出三大特征：

①气温随高度增加而降低（上冷下热），容易导致大气的对流运动。

②大气对流运动显著，对流层内集中了 3/4 的大气质量和几乎全部的水汽与杂质。

③这些条件同时具备，造成复杂多变的天气现象。

推理是根据事物之间的联系进行的，而这种联系需要学习者自己去发现并善加运用，从而取得良好的推理记忆效果。

（3）推理记忆法在语文学科中的应用

语文基础知识零碎而繁杂，很多学习内容之间缺乏逻辑联系，但只要认真分析归纳，也可以发现其中的规律，运用推理法举一反三地加以记忆。下面是以推理记忆法记忆文言实词的例子：

①爱：怜惜、舍不得——喜欢、爱护——亲爱的、心爱的。

推导过程："爱"在古代常有"怜惜，舍不得"的意义，"舍不得"自然就会"喜欢"并加以"爱护"。由"喜欢"可推出"亲爱的，心爱的"（如"爱女"）。

成语助记：爱莫能助；爱不释手。

②安：安全、安定、安稳——舒服、安逸——使……安——安抚、安慰。

推导过程："安"的本义为"安全、安定"；"安全"了就会感到"舒服、安逸"；后用于使动义"使……安"，由此可推出"安抚、安慰"等义。

成语助记：居安思危；生于忧患，死于安乐；安然无恙；安居乐业；安身立命。

4. 比较记忆法

所谓比较记忆法，就是对相似而又不同的识记材料进行对比分析，把握它们的异同点进行记忆的方法。

事物之间总是存在差异的，差异构成了对比。有比较才有鉴别，如果不经比较就难以辨别事物的特征，难以认识事物的本质，难以理清事物之间的相互关系，难以区别事物的异同。人们正是通过对各类事物进行比较来认识大千世界。

德国哲学家黑格尔曾说："假如一个人能看出当前即显而易见之异，譬如，能区别一支笔与一峰骆驼，则我们不会说这个人有了不起的聪明。同样，一个人能比较两个近似的东西，如橡树与槐树或寺院与教堂，而知其相似，我们也不能说他有很高的比较能力。我们所要求的，是要能看出异中之同，或同中之异。"在学习过程中，新知识之间需要比较，旧知识之间需要比较，新旧知识之间也需要比较。此外，许多理论知识与客观事实之间的比较也很常见。

（1）比较的主要方法

①对立比较法。

很多事物的特性是正反对立的，我们在记忆时，需要把相互对立的事物放在一起，形成鲜明的对比，从而在头脑中留下清晰的印象。比如，记忆汉语词组：大方——腼腆，诞生——逝世，俯视——仰望，单枪匹马——群策群力，屈指可数——不胜枚举。

②类似比较法。

很多事物、知识表面上极其相似，但本质上却存在差异，我们在记忆时需要注意。同样，我们还应当认识到，一些表面上不相同的事物或现象之间，往往在某些方面存在着共同点。

比如，有一道英语单词比较题：started、finished、changed、made 中有 1 个单词与其他 3 个没有相同点，请把它找出来。此题把形似词放在一起，目的在于通过比较区别来加深记忆。

③对照比较法。

这是指同类材料的不同表达方式之间的比较，是一种横向对比。通常做法是把同类的若干材料并列在一起，在学习过程中进行比较。

④顺序比较法。

这是指新旧知识之间的比较，是一种纵向比较。通常做法是在接触新知识时，将其与头脑中已有的知识做比较。

（2）比较记忆法的两项基本原则

①同中求异。

即在识记材料共同点之外找出其不同点。注意不要停留在对表面现象的认识上，应多着眼于它们本质属性的比较，抓住细微的特征进行记忆。

②异中求同。

即在识记材料不同点之外找出其相同点或相似点，使记忆更加扎实。

如果识记材料是单一的，又该如何进行比较呢？我们可以找一些参照物。例如，记一个人时，我们可以这样想：相貌像王老师，声音像邻居刘大叔，名字与表弟一样，只是姓不同……通过这样比较，就不容易忘记了。

（3）运用比较记忆法的实例

由于比较记忆法简单实用、效果明显，很多老师将其改进、补充之后，推广到各个学科的学习与记忆中。

①用比较法记忆数学知识。

比如，直线、射线、线段的联系与区别。三者的联系：直线、射线、线段是整体与部分的关系，线段、射线是直线的一部分。它们都是由无数点构成的，在直线上取一点，则直线可分为两条射线；取两点，则可分成一条线段和两条射线。把线段两端延长或把射线反向延长就能得到直线。三者的区别：直线无端点，长度无限，表示直线的字母无序；射线有一个端点，长度无限，表示射线的字母有序；线段有两个端点，可计量长度，表示线段的字母无序。

②用比较法记忆物理概念。

比如，摄氏温度与热力学温度：把标准状况下冰、水混合物的温度规定为 $0℃$，将 $0℃ \sim 100℃$ 分成 100 等份，每一等份是 $1℃$。宇宙中温度的下限大约为 $-273℃$，被称为"绝对零度"。

以绝对零度为起点的温度，叫热力学温度。热力学温度单位为开尔文，简称开，用字母 K 表示。

③用比较法记忆化学概念。

分子与原子：分子是保持物质化学性质的最小微粒，原子是化学变化中的最小微粒。有些物质是由分子构成的，如水、氧气；还有些物质是由原子直接构成的，如汞。

原子与元素：元素是具有相同核电荷数的一类原子的总称。

混合物与纯净物：混合物是由两种或多种物质混合而成的，这些物质相互间没有发生化学反应，混合物里各物质都保持原来的性质，如空气。纯净物是由一种物质组成的，如氧气。

④对比列表记忆法。

比较记忆法用于图表形式呈现，称为"对比列表记忆法"。也就是把记忆材料或事物排列成图表加以对照、记忆的方法。比如，生物课中"线粒体"与"叶绿体"的异同。

表 8.1　对比列表记忆法举例

比较	成分相同点	结构相同点	结构不同点	功能不同点
线粒体	含有 DNA、RNA、蛋白质、磷脂	具有外膜、内膜，是具有双层膜的细胞器，内部均有基粒和基质	有氧呼吸的主要场所	内膜向内腔凸起形成嵴
叶绿体			基粒由片层结构薄膜构成	光合作用的主要场所

5. 规律记忆法

所谓规律，就是事物之间本质的、必然的联系。根据事物的内在联系，找出其规律性来进行记忆的方法，就叫规律记忆法。

规律记忆法是一种层次较高的记忆法，它是在找出共性的前提下发现个性，这样常常能起到触类旁通、举一反三的作用，还可能激发你的创造性思维。运用规律记忆法的前提是要善于发现规律、总结规律及运用规律。比如："离离原上草，一岁一枯荣"，是自然规律；"江山代有才人出，各领风骚数百年"，是人才兴替的规律；"好战必亡，忘战必危"，是国家存亡的规律；"仓廪实则知礼节"，是物质文明决定精神文明的规律。掌握了规律，就可以对规律所涵盖的相关领域的知识进行科学高效的记忆。规律记忆法在各学科的学习中，也是大有用武之地的。

(1) 规律记忆法用于数学学科

比如，三角函数中有许多诱导公式，但这些公式所表达的三角函数的关系，都存在着共同规律。只要抓住这个规律，便可总结出"函数同名称，符号看象限"两句口诀。只要运用好这10个字，就可以推导出全部诱导公式。

（2）规律记忆法用于生物学科

尽管生物学中名词概念繁多，但有些名词概念还是有规律可循的，如细胞→组织→器官→系统→统一的生物体，是按照由小到大的顺序排列的。类似这样有规律的"名词链"还有生物个体→种群→群落→生态系统→生物圈；脱氧核苷酸→DNA→染色体等。

（3）规律记忆法用于历史学科

历史发展有其规律性，因此历史学科的很多知识都可以上升到规律的高度进行分析总结。重大历史事件都可从背景、经过、结果、影响等方面进行比较分析，找出规律。比如，中国古代历次农民起义的原因虽然各不相同，但其根源无外乎以下几点：刑法残酷，赋税沉重，徭役和兵役繁多，土地高度集中，自然灾害等。

规律记忆需要学生开动脑筋对所学材料进行加工和组织，因此学生的记忆会比较牢固。例如，统治者的所有做法的根本目的都是为了"巩固统治"。和经济方面有关的根本原因，往往是"生产力的发展"。历朝历代都城的地位都是它们的"政治经济中心"。王朝开国之初，大多重视民生，不敢奢靡，而最后的败亡多与奢靡有关。

（4）规律记忆法用于政治学科

经济基础与上层建筑，生产力与生产关系，其内在联系都是有规律可循的，用语也是科学严谨的。

（5）规律记忆法用于地理学科

地理学科中的许多知识，本身就有很强的规律性，因而也可以运用规律记忆法进行记忆。比如，经度与时间的关系，纬度与季节的关系，地势与河流走向的关系，降水量与海洋、季风的关系等。

(6) 规律记忆法用于语文学科

语文学科知识繁杂、体量巨大，但只要善于分析总结，也可以发现其中的规律并加以利用。

比如，汉字的形、音、义就有规律。汉字中相同的偏旁部首，其意义存在一定的联系：凡以"斤"为形符（偏旁）的字，多与刀具有关，如"斩""斧""断"；凡是以"月"为偏旁的字，往往与人体部位或器官存在一定的联系，如"肝""胆""肺""腑""肚""脾"等；"纟"旁的字，多与纺织、绳索等有关；"饣"旁的字，多与饮食有关。

还有，一切修辞手法的作用，都是为了提高句子的表达效果：比喻求形象，拟人求生动，夸张突显特征，排比严整而有气势。再有，现实主义诗人多忧国忧民，偏好写实；浪漫主义诗人多辞藻华丽，偏好梦想。古代爱国主义诗歌大放异彩之时，多是国家遭遇外患之际。田园诗人与山水诗人都钟情山水，但他们的情志却大有区别：前者心在田园，淡泊名利，陶渊明称典范；后者虽流连山水，但心在庙堂，谢灵运是代表。

规律记忆法虽有广泛的应用范围，但也有不足之处，就是要求使用者必须具备较高水平的思维能力。如果不善于思考，不能透过现象看本质，进而发现事物的共性，就无法有效驾驭这种方法。

6. 循序渐进记忆法

循序渐进记忆法，是指按照学习内容的本来顺序，一步一个脚印地逐渐积累、陆续记忆的方法。

任何一门学科，如果掌握不好初级知识和方法，则难以学习更高级的内容。南宋理学大师朱熹曾说："未得于前，则不敢求其后，未通于此，则不敢志乎彼。"意思是读书之法在于循序渐进。学习记忆若非循序渐进，就犹如饿汉闯入餐馆，看到大盆小碗的美食，恨不得一口吞下去，粗嚼快咽，虽填满了肚子，却没有品尝到滋味，甚至会因消化不良而引起疾病。这种食多嚼不烂的学习记忆法，难以产生好的效果。心理学家认为，新知识的学习受已有知识经验的有力制约，这一原则曾经是数世纪来教育理论与实践的基本原理。因此，学习必须循序渐进，一步步打好基础。

循序渐进记忆法适用于中学各学科知识的记忆，除了有严密逻辑联系的数理化外，还适用于语文、外语等文科知识的记忆与整理。

比如，高考复习要记忆约3500个常用英语单词，首先要学会单词的分类和分组。比如，每组 100 个，共 35 组。第一个学习周期背第一组的 100 个；第二个周期不要急着学新词，先用一点时间以 2 倍速把第一组的单词复习一遍，然后再看第二组的单词；到第三个周期，则要将前两个周期学习的 200 个单词都复习一遍，再学习第三组单词，以此类推。这样"滚雪球"的方式虽然看似有些麻烦，但有效地巩固了单词的记忆效率。

需要说明的是，单词循环复习周期的时间因人而异，可以根据个人能力不同而自行建立。如果怕雪球越滚越大，到后来每周期的任务越来越艰巨，我们也可以采取每个周期只复习前一周期内容的方法。

（1）循序渐进记忆法的要义

①真正认识"循序渐进"。科学知识是一座大厦，有其自身的结构与规律。我们学习这些知识就如同盖房子，必须将每一层根基都打牢固，在此基础上建造，就能使房子越盖越高；而知识记忆也应该是一个循序渐进、逐渐积累的过程。良好的记忆依赖于与以往知识结构之间的联系，记忆知识不能偷工减料，唯有循序渐进、稳扎稳打，才能收到良好的效果。

②制订阶段性计划。循序渐进，在学习方面是指按照一定的计划、步骤与知识系统，由少到多、由浅入深地进行学习。人的认知力与记忆力受自身素质与能力的限制，因此制订适合自己的学习计划尤为重要。另外，我们还要克服急于求成的心理，在学习与记忆的过程中务必要注意计划与节奏。

③持之以恒才是法宝。如果说技巧与方法是关于学习与记忆的战术，那么"循序渐进"就是学习与记忆的战略思想。战略要从长远考虑，实施起来不急不躁，一曝十寒、虎头蛇尾是不行

的，要有信心、决心与持久的耐心。

（2）由易到难记忆法

由易到难是循序渐进的必要过程。人们做事一般都遵循从易到难的原则，记忆也是如此。先记容易记的内容，可以使你不会因为记忆内容太过困难而产生厌烦感，从而提高效率。等到将容易的内容都记熟之后，就可以尝试较难的内容了。

如果你坐在一张摆满了各色美食的大圆桌旁，东道主说："请用！"这时候，虽然眼前尽是山珍海味，但是因为品种太多，可能会使你因丧失兴趣而影响胃口。可是，如果将菜一盘一盘端上来，或许会让你食欲大增。那种对"下一盘是什么"的期待感，可以充分刺激你的食欲。

记忆的道理也是如此。如果在你面前同时有一大堆材料需要记忆的话，相信你也兴味索然，甚至失去信心。因此，正确的记忆策略是，不要把所有的材料全放在眼前，而应该像饭店里上菜一样，一盘一盘地端上来，分别记忆，先从容易的开始着手记忆。比如，以前做过的相似的化学题目、音节较少的英文单词等挑出来先记。在完成这些记忆后，那些看似难记的材料也就容易应对了。

（3）适当速度记忆法

保持适当的记忆速度也是循序渐进记忆法的要领。记忆速度在质与量的交叉点上有一个合理的界限标准。摸索出适合自己的记忆速度，是我们提高记忆力的关键之一。

有位老师曾做过这样一个实验：将智力水平及学习成绩大致相同的受试者分成3组，让他们阅读同一则小故事，要求第一组用 2 分钟读完，第二组用 6 分钟，第三组用 10 分钟。读完之后，要求他们把故事叙述出来。结果表明，第一组平均分数为 63 分，第二组为 95 分，第三组为 52 分。由实验结果得知，用时适中的第二组学习效果最佳。

这说明如果记忆速度过快，就容易导致对记忆的内容理解不深，囫囵吞枣，思想也容易"开小差"；而记忆速度太慢，思维过程则容易出现"空隙"或"断片"，神经系统往往容易出现惰性，致使大脑不由自主地"走神"。因此，确定记忆速度要依据自己掌握的知识基础，不宜过快也不宜过慢。当然，记忆速度的掌握是在实践中逐渐摸索的，这是一个学习习惯的培养问题。

7. 分组记忆法

分组记忆是根据一定的规律或原则，把记忆的对象或材料划分为几个小组或小板块，从而降低记忆难度、提高记忆效率的方法。

从某种意义上讲，分组记忆应该属于归类记忆法之中，之所以把它单列出来，是因为分组记忆法不像归类记忆法那样强调记忆对象之间的联系，分组形式更加灵活。分组学习记忆有两种情形：一是把所学习的材料根据其个体间联系加以分组进行记忆，二是对于无联系的个体硬性分组进行记忆。

比如，在记忆第四周期过渡元素时（第21～30号元素），可以将这10个元素以5个一组来记忆。记忆金属活泼性顺序表时，可将18个元素分为4组：钾、钙、钠、镁、铝；锰、锌、铬、铁、镍；锡、铅、氢；铜、汞、银、铂、金。

初学者学习、记忆元素符号时，可以按元素周期表中各组的分类来识记，先背名称，再记符号，一组一组地记忆，这就是分组记忆的方法。分组时，应尽量采取能使个体间有一定联系的分法（如同族元素）。对于没有内在联系的个体（如金属活性顺序），则取便于断句（5 个一组）的分法。

这种分组法实际上是一种混合分法，既利用了记忆材料之间的联系，又拟定了自己的原则，按照自己的想法进行分组。

如果还要进一步说明分组学习记忆法的特点，不妨再举个例子：学习语文词语或词组，通常分为旧词（学习过的熟词）和生词，无论旧词还是生词，它们在字形、读音、词性、意义等方面可能没有任何联系（本身规律没有新旧之分），是我们人为地将它们分成了两组，这就是将无联系的个体硬性分组的办法。这样分组的目的无非是为了合理分配学习时间、更好地理解和记忆。

除了分组的方法外，每组内容的长度也十分关键。美国心理学家约翰·米勒曾对短时记忆的广度进行过比较精确的测定：测定正常成年人一次的记忆广度为 7±2 项内容。也就是说，5~9 个字的词语最容易记忆，尤其是 7 个字。这个"7"被称为"魔力之 7"或"怪数 7"。这个"7"既可以是 7 个字符，也可以是 7 个汉字，或 7 组双音词、7 组四字成语，甚至 7 句七言诗词。这也是五言、七言诗比较容易记忆的原因之一。

就汉字的组合而言，四字组合也非常神奇，成语大多是四字组合，而许多零散的字词也可以四字组合。比如百家姓，每个姓氏之间毫无关系，若是一个个地记，就得记数百组，若按"赵钱孙李，周吴郑王"即以四个为一组记，记忆效率就会大幅提高。

※记忆研究

有些健忘的人其实是记忆天才

科学家们有一个有趣的发现——健忘不是笨，而是一种天赋。生活中，你是否经常忘东忘西的？忘记带钥匙，忘记某人的生日，买东西时漏掉一两件商品……健忘给人感觉是一种"脑子不好使"的毛病，然而实际上，健忘是人的一种"记忆优化"的过程，健忘的人或许更聪明！

根据记忆与遗忘规律，大脑可以对识记的事物进行选择，选中的可以成为短时记忆，经过多次重复识记、储存、再认（回想）的记忆过程，短时记忆便成为长期记忆。健忘的人，如果排除他在生理或心理上的毛病之外，通常都是他对识记对象的选择过滤与众不同，这样的人往往是记忆天才。

有关科学家爱因斯坦的几个小故事足以说明这一点。生活中的爱因斯坦给人的印象是心不在焉，甚至健忘。一次他从家往学校走，偶遇一个朋友后便攀谈了起来，分别时他问朋友："遇见你之前，我在往哪个方向走？"当他得知自己是从家的方向走来时，便自言自语道："这么说，我已经吃过午饭了。"爱因斯坦一生都在充分运用大脑思考、记忆。之所以忘记了那些简单的信息，是因为餐桌旁、路途中、攀谈时的思考使他对一些"小事"视而不见而已。还有一次，爱因斯坦的女朋友给他打电话，末了要求他把她的号码记下方便以后通电话，并强调说："我的电话号码比较难记。"爱因斯坦说："请讲吧，我应该能记住。"女友报出她的号码："24361。"爱因斯坦不假思索地说道："这有什么难记的？两打与十九的平方，我记住了。"

研究大脑的科学家们发现，健忘其实是一种"记忆优化"的过程，也就是健忘的人会自动安排记忆的顺序，选择重要的事情去记忆，而一些琐碎的生活小事就不会进入脑海占据空间了。健忘的人会选择重要的事情来记，而且记得比常人更清楚。

同时，健忘的人由于有选择记忆的能力，他们忽略了很多琐事，以更集中的注意力去工作，也就不容易出错，所以他们往往成为工作上的佼佼者。这也难怪很多生活上的"白痴"，却是工作上的强人呢！这种选择记忆的能力，是一种跟常人不一样的逻辑思维，而且比常人的思维更敏捷，所以说，有些健忘的人其实是记忆天才。

第九章
怎样增强记忆力

身体健康、爱好体育运动和热爱生活的人，精力充沛，学习能力强，记忆力当然也强，锻炼身体可以促进大脑自我更新。

1. 影响记忆力的生理、心理因素

(1) 睡眠

哈佛大学一位心理学家做过一个有趣的实验。他把弥尔顿的著名长诗《失乐园》以每 50 行为一段分为 9 段，每背诵一段后给一定的休息时间，以此调查人们将这首诗全部背诵下来要用多少时间。结果，间隔休息一小时的人，要用 140 分钟；间隔休息一天的人，要用 60 分钟；间隔休息 7 天的人，则只需 46 分钟。这个实验告诉我们，为了有效地记忆，间隔休息时间可以适当延长一些。

睡眠对于记忆功能的影响是一个古老的研究课题。近年来，科学家对二者间的关系进行了一系列研究，但是都没有得出一个令人信服的结论。虽然很多人都倾向于睡眠可以改善记忆力这一理论，但一直以来都没有找到有力的证据，人们对此仍然存在许多争论。但是，人们在实验和生活中已经得出了结论：在记忆活动中插入适当的休息（睡眠），能够提高记忆效果。休息不仅会使大脑得到放松，还能给大脑活动带来有益的节奏。在大脑活动本身并没有节奏的情况下，应当人为地赋予它一种调剂节奏。这种节奏要自己掌握和调节，喝杯茶，散散步，聊聊天，舒展一下身体，这些活动都能起到积极的作用，给记忆带来轻松愉快的感觉。

（2）体能

体能是通过力量、速度、耐力、协调、柔韧和灵敏等运动素质表现出来的人体基本的运动能力，是运动员竞技能力的重要构成因素。体能水平的高低与人体的形态学特征以及人体的机能特征密切相关。

人体的形态学特征是体能的质构性基础，人体的机能特征是体能的生物功能性基础。体能以增进健康和提高基本活动能力为目标，而竞技运动中，体能以追求在竞技比赛中创造优异的运动成绩为目标。体能是一个人精力的综合表现，而一个体能状况极佳的人，其记忆力也往往呈现旺盛的状态。

（3）精神

在影响记忆力的因素中，心理因素比生理因素更为重要。影响记忆力的心理因素主要包括压力因素和情绪因素两种类型。

①压力。生活中每个人都会遇到压力，因为人除了是一种能"思考的动物"之外，还是一种"感情的动物"。加州大学综合生物学副教授丹妮拉·考费尔表示："大家总是认为压力是个非常不好的东西，其实并不是这样的。一定量的压力对人的身体是有益的，会使人的警觉、行为和认知表现进入最佳水平。我认为间歇性的紧张事件可能使大脑更加警惕，当人处于警觉状态时，往往会有更好的表现。"

适度的压力比没有任何压力更能发挥正面作用。比如，考试压力过大固然不好，但是完全不放在心上则更不可取，记忆也如此，适度的压力可以促进记忆力。

但是，研究人员同时指出，受到急性的、激烈的压力常常也是有害的。例如，这样可能会导致创伤后应激障碍。因此，我们千万不能被压力打败，要巧妙地避开压力或利用压力，使其成为成功的跳板。这种观念非常重要。

②情绪。情绪也会对人的记忆产生重大影响。不良情绪会导致记忆力下降。不良情绪主要包括抑郁、焦虑、愤怒等，它们会影响我们的思维，同时也会影响我们的记忆。

就抑郁症而言，患者要与沮丧情绪相抗衡，他们大脑中的血清素和去甲肾上腺素含量较低，而这两种神经递质也是提高注意力和警觉度的关键。丹麦学者发现，抑郁症还与海马体之间存在着关联。因此，抑郁症会导致患者的记忆力下降。同样，一个人在焦虑的时候，很难对识记材料产生兴趣，记忆效果也就很难保证。

相反，良好的情绪则能使人看到自己的力量，从而充满自信，这对记忆是非常有利的。

(4) 疾病

无论是生理还是心理上的疾病，都有可能引起记忆力的衰退。以下疾病对记忆力的影响尤为明显。

①最有可能影响记忆力的疾病包括脑部肿瘤、糖尿病、酒精中毒、甲状腺功能低下、大脑血液循环差等。

②呼吸道疾病，主要有鼻炎、睡眠呼吸暂停等。鼻炎是

病毒、细菌、变应原、各种理化因子以及某些全身性疾病引起的鼻腔黏膜的炎症。常见症状有鼻塞、多涕、嗅觉下降、头痛、头昏等。睡眠呼吸暂停常见的原因是上呼吸道阻塞，经常以大声打鼾、身体抽动或手臂甩动结束。睡眠呼吸暂停伴有睡眠缺陷、白天打盹、疲劳，以及心动过缓、心律失常和脑电图觉醒状态等症状。患有这些疾病的人，记忆力也会受到严重影响。

③低血糖能使记忆力丧失。血糖含量大幅变动会影响脑功能和记忆力。

④颈椎、脊椎疾病患者会出现记忆力下降等症状。

（5）环境或习惯

学习和生活的环境也能影响人的记忆力。主要有以下因素：

①学习任务繁重。繁重的学习和生活压力会让神经长期处于紧绷状态，得不到放松，影响大脑正常运转。如果因压力大而导致睡眠不足或睡眠质量太差，更会加速脑细胞的衰退。

②空气污染。长时间处于空气污染或者不通风的环境中，空气中的有害物质超标或者含氧量不足，也会降低大脑的工作效率。因为大脑是全身耗氧量最大的器官，平均每分钟消耗氧气 500～600 升。

③对电脑等新型设备过于依赖。这将导致人脑的使用率越来越低，使大脑机能逐渐下降。

④长期吸烟酗酒。长期吸烟酗酒可引起脑动脉硬化，导致大脑供血不足及发生脑萎缩，造成记忆力下降。

⑤长期熬夜也对记忆力有非常不利的影响。习惯熬夜的人错过了睡眠的最佳时机，身体处于过度疲劳的状态之下，反而不容易入睡，容易造成失眠，还会感到身体疲惫，精神不振，注意力不能集中，最终造成记忆力的减退。

2. 改善记忆力的几种简易方法

(1) 运动健身

人们通过对大脑潜能的研究发现，健康水平更高的人，海马体的弹性也更大，在记忆力测试中的表现也更好。因此，研究人员得出这样的结论：身体健康、爱好体育运动和热爱生活的人，精力充沛，学习能力强，记忆力也强，锻炼身体可以促进大脑自我更新。该项研究表明，要保持大脑活跃，需要经常运动健身。

健身并不一定要像打篮球那样剧烈运动，散步、慢跑、骑自行车等运动都对健身有很大益处，而且对改善记忆力也有一定的帮助。比如，骑自行车可以促进血液循环，让大脑摄入更多氧气。经常骑自行车能使人感到思维清晰，头脑清楚。散步或慢跑则可以让大脑处于一个平静的状态，缓解压力。

(2) 欣赏音乐

保加利亚的拉扎诺夫博士曾以医学和心理学为依据，对一些乐曲进行研究。结果发现，巴赫、亨德尔等人的作品中的慢板乐章，能够消除大脑紧张，使人进入冥想状态。因此，我们在学习时，可以适当地听一些节奏舒缓的音乐，放松全身的肌肉，合着音乐的节拍读出需要记忆的材料。待学习结束之后，再播放几分钟欢快的音乐，让大脑从记忆活动中清醒过来。

（3）丰富业余生活

人的躯体活动能改善健康状况，精神活动则能减缓记忆力衰退。特别是那些爱玩、爱活动的人，兴趣广泛，涉猎众多，知识面广，记忆力也强。科学证明，唱歌、跳舞、读书、打牌、学外语等活动都能在不同程度上增加神经突触的数目，增强神经细胞间的信号传导，巩固记忆。

（4）背诵文章

有些人常常在看书、学习或休闲时背诵一些成语、佳句、诗歌短文、数理公式、外语单词和技术要领等知识，这是锻炼记忆力的一种有效方法。马克思年轻时就是通过用不熟练的外文背诵诗歌来锻炼自己的记忆力的。每天坚持 10～20 分钟的背诵活动，也能增强记忆力。

（5）静坐冥想

闭上眼睛，大拇指按小拇指，想象运动后美好的感觉，深呼吸 30 秒；然后大拇指按无名指，想象任何喜欢的事物 30 秒；再按中指，回想一个受关爱的时刻 30 秒；最后按食指，回想一个美丽的地方 30 秒。这样可以减轻焦虑，改善脑部血流量。每天抽 20 分钟冥想就能有效提高记忆力和认知功能。

（6）保持心情愉悦

大量社会调查证明，家庭幸福是提高学习记忆力的重要条件，青少年如果能和家庭成员及老师、同学保持亲密友善的关系，则可以使体内分泌激素和乙酰胆碱等物质，有助于增强机体免疫力，消除大脑疲劳。

（7）训练感官的敏锐度

人与人之间在各种感官的敏锐度方面差别很大，同样的事物对不同的人造成的感觉体验各不相同。比如，音乐家对音响有很逼真的记忆表象，并能够在大脑中分辨交响乐的音阶和所用乐器；有些人的嗅觉异常灵敏，能够准确回忆出各种物品的气味；夜视患者由于视网膜细胞的组成与常人不同，视网膜上有大量的杆状体，因此在夜晚视觉非常发达。此外，人们在味觉方面也存在很大差异。据说，一位训练有素的厨师只需抿一口汤汁，就可以说出这份汤所用的全部原料。这是一种非凡的专业性记忆力。

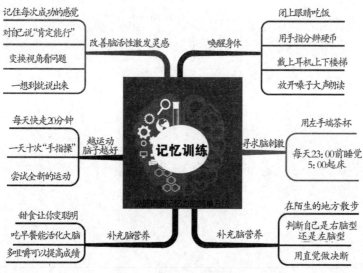

图 9.1　训练记忆力的习惯

这就是说，感觉器官的灵敏度对记忆力有直接影响。我们可以有意识地训练听觉、视觉、味觉、触觉器官感知事物的灵敏度。科学证明，在学习中能够不知不觉地调动自身更多的记忆"通道"（感觉器官）参加记忆，加深自己的记忆痕迹，记忆效果当然更好。

3. 改善记忆力的食品

人的大脑中有数亿个神经元细胞在不停地进行着繁重的工作。科学研究证实，饮食不仅是为了维持生命，并且在大脑的正常运转中发挥着非常重要的作用。很多食物有助于人的智力发展，使人的思维更加敏捷，精力更为集中，记忆力也更为良好。在日常饮食中，如果能够注意保证营养，平衡膳食，既可以满足机体对各种营养的需求，又可以改善记忆。

增强大脑记忆力的保健食品，从营养成分来讲主要有三大类：一是蛋白质和氨基酸类，二是脂类，三是矿物质微量元素。而具体健脑食物大多十分常见，并且物美价廉。人属于杂食性动物，这里的"食物"是个广义概念，包括主食、菜肴、饮品、瓜果等，种类十分丰富，不胜枚举。下面我们就来介绍一些最常见的健脑食品。

花生：富含卵磷脂和脑磷脂，是神经系统所需的重要物质，能延缓脑功能衰退，抑制血小板凝聚，预防脑血栓。卵磷脂被誉为"智慧之花"，具有使大脑"返老还童"的功效。实验证明，常吃花生可改善大脑血液循环，增强记忆、延缓衰老。花生是名副其实的"长生果"。

小米：小米中所含的维生素 B_1 和 B_2 分别比大米高 1.5 倍和 1 倍，其蛋白质中富含较多的色氨酸和蛋氨酸。临床观察发现，多吃小米有延缓衰老的作用。平时如果常吃点小米粥、小米饭，将益于大脑的保健。

大豆：大脑内有一种物质叫多巴胺，主宰快乐感。虽然含脂肪和糖分多的食物能刺激大脑分泌多巴胺，但其效果难以持久。所以，最好吃一些消化缓慢、蛋白质丰富的食品。另一种让多巴胺"细水长流"的办法就是补充苯丙氨酸。它多见于甜菜、黄豆、杏仁、鸡蛋和谷物中。

与大豆功效相似的还有杏仁，杏仁中含有丰富的维生素 A、C，可有效改善血液循环，保证脑供血充足，有利于大脑增强记忆。

玉米：胚中富含亚油酸等多种不饱和脂肪酸，有保护脑血管和降血脂的作用。尤其是玉米中的谷氨酸含量较高，常吃具有健脑作用。

麦片：能提供维持很多大脑机能必要的营养素：叶酸、维生素 E 及维生素 B_1，常吃能够预防动脉硬化、心脏病、中风、脑或心肌梗死等疾病。

牛奶：富含蛋白质和钙质，可提供大脑所需的各种氨基酸，牛奶中的钙最易被人吸收，每天饮用可增强大脑活力。

橘子：人体在正常情况下，血液呈碱性，当用脑过度或体力消耗过大时，血液呈酸性。而且，若长期偏好酸性食物，会使血液酸性化，大脑和神经功能就容易退化，引起记忆力减退。橘子中含有大量的维生素 A、B_1 和 C，属于典型的碱性食物。适量吃些橘子，能使人精力充沛。

与橘子功效类似的还有柠檬、广柑、柚子等。

菠萝：含有大量维生素 C 和微量元素锰，而且热量低，常吃有生津提神的作用。菠萝是一些音乐家、歌星和演员最喜欢的水果，因为他们常要背诵大量的乐谱、歌词和台词。

苹果：不仅含有丰富的糖、维生素、矿物质等大脑所必需的营养素，更重要的是它富含锌元素。锌是人体内许多重要酶的组成部分，也是构成与记忆力密不可分的核酸及蛋白质不可或缺的元素。饭后吃一个苹果，不仅可以促进消化，还能使大脑反应敏捷，记忆良好。

龙眼：含有蛋白质、糖、脂肪、矿物质、酒石酸、维生素 A、维生素 B$_1$ 等。龙眼核含脂肪及鞣质，对神经衰弱、记忆力减退、失眠、健忘、心悸、贫血都有辅助治疗作用。

草莓：含有一种名叫非瑟酮的天然类黄酮物质，能够刺激大脑信号通路，从而提高记忆力。野生蓝莓果富含抗氧化物质，可以清除体内杂质，长期摄取能加快大脑海马神经部神经元细胞的生长分化，提高记忆力。

鸡蛋：鸡蛋中所含的蛋白质是天然食物中最优良的蛋白质之一。它富含人体所需的氨基酸，而且蛋黄中除富含卵磷脂外，还含有丰富的钙、磷、铁以及维生素 A、D、B 等。此外，像鸡蛋这类含有乙酰胆碱的食物能影响人们的精神状态和记忆力。

鱼类：可以为大脑提供丰富的蛋白质和钙质，特别是不饱和脂肪酸，可分解胆固醇。淡水鱼所含的脂肪酸多为不饱和酸，能保护脑血管，对大脑细胞活动具有促进作用。深海鱼含有一种叫二十二碳六烯酸（即 DHA）的脂肪酸，是大脑必需的物质，对维持和提高记忆力有很大帮助。

花椰菜：大脑记忆能力取决于脑细胞间建立了多少新"通道"。脑细胞兴奋度越高，建立的"通道"就越多。大脑中有一种叫乙酰胆碱的化学物质负责脑细胞的兴奋度。合成乙酰胆碱需要胆碱的参与，食用花椰菜可以提供胆碱。花椰菜与猪肉一同食用，还能为人体提供丰富的维生素 C、蛋白质等营养物质，有利于人体的生长发育，还可以强身健体，滋阴润燥，补气血，提高蛋白质的吸收率。

与花椰菜功效近似的还有卷心菜、西兰花等。

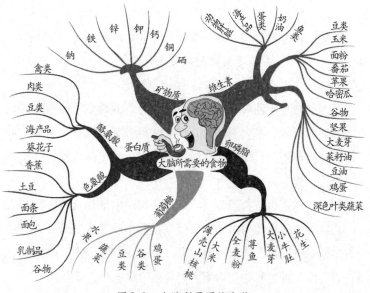

图 9.2　大脑所需要的食物

紫菜：含有较丰富的胆碱，常吃紫菜对记忆衰退具有改善作用。紫菜中还含有丰富的维生素和矿物质，特别是维生素 B_1、B_{12}、A、C、E 等。它的蛋白质含量与大豆相近，是大米的 6 倍，所含维生素 A 为牛奶的 67 倍。另外，它还具有补肾养心、降压、促进人体新陈代谢等多种功效。

南瓜：大脑信息的产生和传输需要神经纤维发挥作用。包裹这些神经纤维的纤维鞘需要一种髓磷脂来构筑。南瓜中所含的欧米伽 3 脂肪酸具有修复和保养这些髓磷脂的功效，常吃能帮你更好地集中精力。

与南瓜功效近似的还有深海鱼、核桃等。

能够增强大脑记忆力的食品还有很多，关键是各种各样食物的合理搭配，使饮食中的营养均衡，才有明显改善记忆力的功效。

※记忆知识

记忆能力的测试方法

美国心理学家伯杰克说："了解自我是改造自我的前提。"记忆能力的测试可以帮助我们确切了解自己的"底数"。通过经常性的自测，我们就能知道还有哪些知识没有学好，没记住，哪些地方易混淆，有误差，也就能马上核实校正，避免一误再误。下面两个小测验可以用来测试记忆力。

测验一：

仔细阅读每句陈述，看看是否与你的情况符合，每回答一个"是"记 1 分、"否"不记分，最后相加即为总分。

①我对人名的记忆力很少令我感到尴尬。

②我的词汇量很丰富，在描述某一事物时，总能使用大量同义词。

③我能记住身边同事的太太和小孩的姓名。

④我不必寻找档案资料，就能陈述某些内容。

⑤我很奇怪一些人为什么会提笔忘字。

⑥我不必做一大堆笔记，就能选择性地记住有用的信息。

⑦对于计划要做的事，我一般都会记住去做。

⑧我的脑海中总是有相当多的实例和趣事，用以增加说话的趣味和意义。

⑨我经常利用一些技巧，如联想、谐音等方法，来记忆单调的信息，如电话号码、密码、地址、单词等。

⑩我一般能记住一些重要日期，例如别人的生日和周年纪念日。

测验二：

下列情况在你身上是否经常发生？经常发生为4分，时有发生为3分，偶尔发生为2分，很少发生为1分，从未发生为0分。

①短期记忆力：

a. 你在阅读的时候，发现自己什么也没有装进脑里，不得不再读一遍；

b. 出门之后，忘了是否关灯或锁门；

c. 走进一间房间，想不起来进去干什么；

d. 到超市去买四五样东西，因为没用笔记下该买的东西，结果东西没买全；

e. 别人告诉你他的名字，一转眼便忘记了。

②中期记忆力：

a. 想不起来上个周末自己干了些什么；

b. 忘记了好朋友或自己亲戚的姓名；

c. 讲笑话时想不起引人发笑的妙句；

d. 忘了要替别人传递的口信；

e. 对去过的地方还需查看地图和路线。

③长期记忆力（下列事件你能记住多少？不能记住的加2分）：a. 你家过去使用的电话号码是什么？b. 你曾经参加的普通考试考了些什么？c. 你是怎样庆祝18岁生日的？d. 你在孩提时代最喜爱的玩具是什么？

把上述问题的分数计算出来，便能知道你的记忆力的好坏。